科学与共识

朱守华 ◎著

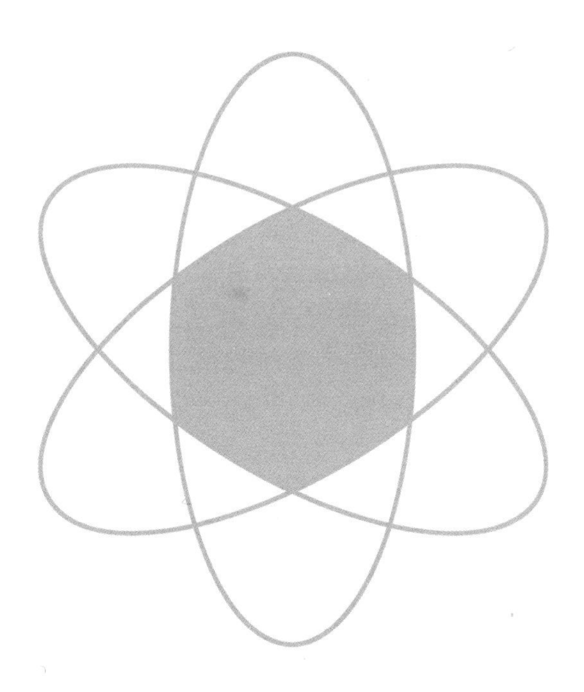

图书在版编目 (CIP) 数据

科学与共识 / 朱守华著 . — 北京 : 北京大学出版社， 2024. 3
ISBN 978-7-301-34852-9

Ⅰ. ①科… Ⅱ. ①朱… Ⅲ. ①物理学－基本知识 Ⅳ. ① O4

中国国家版本馆 CIP 数据核字 (2024) 第 040437 号

书　　名 科学与共识
KEXUE YU GONGSHI
著作责任者 朱守华　著
责任编辑 刘啸
标准书号 ISBN 978-7-301-34852-9
出版发行 北京大学出版社
地　　址 北京市海淀区成府路 205 号　100871
网　　址 http://www.pup.cn
电子邮箱 zpup@pup.cn
新浪微博 @ 北京大学出版社
电　　话 邮购部010-62752015　发行部010-62750672　编辑部010-62754271
印 刷 者 三河市博文印刷有限公司
经 销 者 新华书店
850 毫米 ×1168 毫米　32 开本　3. 625 印张　97 千字
2024 年 3 月第 1 版　2024 年 3 月第 1 次印刷
定　　价 29. 00 元

序

2012 年对于基础研究是个必定要载入史册的重要年份。之所以这么说, 是因为 “上帝粒子” 的发现。发现这个粒子曾经被认为是 “不可能完成的任务” 。欧洲核子中心 (CERN) 在 2012 年 7 月 4 日宣布, 科学家们发现了这个被学术界称为黑格斯[①]玻色子 (Higgs boson) 的粒子。实验的进一步测量表明, 这个新发现粒子的性质与粒子物理标准模型 (standard model) 的理论预言一致。这个重大发现使得该理论提出者弗朗索瓦 · 恩格勒和彼得 · 黑格斯[②]获得了 2013 年度的诺贝尔物理学奖。这个实验发现改变了很多人此前的想法, 因为他们原来并不相信该粒子会被发现, 比如斯蒂芬 · 霍金[③] 。该发现也出乎我的意料[④], 并促使我深入思考理论预期依据的可靠性[⑤] 。本书是在此问题上历经 10 多年的探索的初步结果。应该说探索过程并不一帆风顺: 有无路可走时的困惑, 当然也有些许发现的惊喜。

本书将以共识为核心概念, 审视整个物理学, 并把物理学视为科学的典型代表。共识为什么重要? 对于我本人而言, 对此的

[①] Higgs 更通用的译名是希格斯, 但为彰显隐藏规范对称性, 本书译作 “黑”格斯。

[②] 弗朗索瓦 · 恩格勒 (François Englert, 1932—), 比利时理论物理学家。彼得 · 黑格斯 (Peter Higgs, 1929—), 英国理论物理学家。他们一起于 2013 年获得诺贝尔物理学奖。

[③] 斯蒂芬 · 霍金 (Stephen Hawking, 1942—2018), 英国剑桥大学理论物理学家。

[④] Zhu S. Charged Higgs Boson: Tracer of the Physics beyond Standard Model. Nucl. Part. Phys. Proc., 2016, 273-275: 716. arXiv: 1410.4310.

[⑤] 理论依据的核心思想是自然性 (naturalness), 其代表人物之一是赫拉尔杜斯 · 特霍夫特 (Gerardus ’t Hooft, 1946—)。特霍夫特于 1999 年和马丁努斯 · 韦尔特曼 (Martinus Veltman, 1931—2021) 因 “阐明物理学中电弱相互作用的量子结构” 的理论研究而获得诺贝尔物理学奖。

认识是从试图理解狭义相对论的相对性原理的重要性开始的。历史上, 有很多复杂的具体原因推动了物理学的每一步进展。但回头看, 整个物理学发展似乎都被共识这只 “看不见的手” 左右着。

所谓共识, 从字面意义看是相同的认识, 可以理解为人们之间都认可的知识。一般认为, 物理学知识具有客观性, 即不依赖于是哪个人得到的, 不随时间⑥和地点变化。如果从利于达成共识的角度看, 科学的特征也是明显的: 基于观测和实验确保了其可靠性; 理论化、数学化和还原论方法保证了共识达成过程的顺畅性。不仅如此, 共识还体现在物理学的基本原理 —— 相对性原理和对称性上。物理学是基于原理来理解世界的。上述具体讨论见本书后面的章节。共识就为物理学基本原理找到了理解的基础, 这也是本书从共识角度解读物理学的一个重要原因。

共识也可以理解为共同认识, 即把不同人互补的认识综合起来, 从而得到完整的认识。在这类共识的表现形式中, 并不要求不同人秉持完全相同的知识, 但要求承认完备知识是每个具体知识的合集。后者也可以认为是共同的认识, 即都要承认每个人的具体知识可以不同, 但是互补的。

共识一般意味着强调人会参与到认识过程中, 某种意义上突出了人所发挥的作用。在科学观测中, 往往强调与具体人的无关性, 甚至有意无意地剔除人为因素的干扰, 传统上认为这保证了物理知识的可靠性。这种看法是可以理解的, 历史上也促进了科学的发展, 但存在漏洞。漏洞就表现为量子论中的测量问题⑦: 对相同物理对象⑧的每次相同的观测并不见得给出相同的观测结果。以盲人摸象作为例子, 在相同角度摸出的结果竟也是不同的⑨! 物理对象这看似不可理解的性质, 在没有弄清楚背后的机

⑥至少在不长的时间范围内。

⑦正统的量子论对此没有答案。

⑧至少是以目前的手段和知识来看相同。

⑨对于活动的大象, 这一点不难理解, 毕竟大象是活的生物。但对于微观粒子, 人们并不了解背后的机制。

制之前, 如果承认单次观测的不完备性还是容易接受的。这也就意味着, 完整的知识需要建立在对相同研究对象的多次观测结果之上。量子系统的这种新特征是被实验证实的, 比如在高能散射实验里, 人们通过分析大量雷同的散射数据来推测背后的相互作用的性质。对于量子测量的新诠释[10]从共识出发是容易理解和接受的。这是本书从共识角度解读物理学理论, 尤其是系综理论和量子论的另一个重要原因。

本书的目标读者有三类: 所有对物理感兴趣的非专业人士、物理专业的学生, 以及物理学研究者。对于非专业人士, 本书试图从共识这个角度回答物理的本质是什么; 对于物理专业的学生, 本书试图帮助他们加深对物理基本概念和基本原理的理解; 对于物理学研究者, 本书希望能给他们的研究一点启发, 从而促进物理学的发展。

本书内容安排如下。

第一部分主要论述共识概念, 并把现代科学看成人类达成共识的一种新方式。这是导致科学时代的根本原因之一。

第二部分从共识角度论述物理学的几个重要特征:

(1) 观测与实验,

(2) 理论化,

(3) 数学化,

(4) 还原论。

第三部分论述共识在物理学基本原理上的体现:

(1) 相对性原理,

(2) 对称性,

(3) 系综,

(4) 量子论与规范相对性原理。

[10] 在新诠释里没有量子系统的塌缩过程, 仅仅承认单次测量的不完备性。其实, 量子力学描述里甚至可以没有量子态。相关研究参见文献: Weinberg S. Quantum Mechanics Without State Vectors. Phys. Rev. A, 2014, 90(4): 042102. arXiv: 1405.3483.

下面罗列本书的几个主要的新结果:

(1) 指出共识的重要性, 并把共识分成两种类型。

(2) 从共识角度重新理解物理学的几个主要特征: 观测与实验、理论化、数学化和还原论, 并从物理学本身的特征出发理解其成为改变世界面貌的核心因素之一的原因。

(3) 从共识的角度重新理解基础物理学的几个主要基本原理: 相对性原理、对称性、系综和量子论, 并指出它们都是共识的具体体现, 而共识是物理学的新基础。

(4) 发现了共识是科学方法的重要组成部分, 指出只有通过比较, 人类才能更好地发现世界的真相。

(5) 从共识的角度, 拓展了观测与实验测量的含义, 特别是单次测量与多次测量对发现规律的不同意义。

(6) 拓展了相对性原理的内涵, 提出了规范相对性原理, 并把量子的起源归于相位内部空间。

(7) 从共识理论出发, 解读了一些基础研究的核心问题, 比如黑格斯机制和量子引力等。

目　　录

第一部分　科学与共识

第一章　如何理解巨变的世界? · 3

变化的世界 · 3

增长的线性模型与指数模型 · 3

指数律的例子: 复利率 · 4

链式反应与原子弹 · 5

摩尔定律与大数据时代 · 5

指数律与共识 · 6

科学时代、科学与技术 · 7

指数律减少与指数律失效 · 8

第二章　共识与雨伞理论 · 9

共识的两种类型 · 9

共识的一般情形与数学描述 · 10

科学是被人发现的还是创造的? · · · · · · · · · · · · · · · · · · · 10

共识主义 · 12

雨伞理论 · 13

第二部分　物理学的特征

第三章　关于物理学的共识 · 17

第四章　观测与实验 · 21

人的直接经验与共识 · 21

有规律的世界 · 22

经验积累和描述 · 22

宏观力学 · 23

行星运动 24
工具与系统设计的实验 24
观测与实验 25
实验发展与学科分化 26
观测、实验与理论化是一体的 27
科学革命与科学的可靠性 27
基于实验, 超越实验 28
观测是可以重复的吗? 28

第五章 理论化 31
现实的不完美, 完美的不现实 32
物质、时间和空间 33
从质点到原子, 再到轻子与夸克 34
经典场与量子场 35
概念的演化 36
力 36
过度理论化的陷阱 36

第六章 数学化 39
数学, 物理抽象表达的最合适语言 39
空间、时间、物质的数学描述 40
关系的数学描述和方程求解 40
自洽性检验和新发现 40
严格性、奇点与理论适用性 41
数学与推广 42
数学过度推广的陷阱: 弦理论 42
自下而上, 自上而下, 四面八方 43

第七章 还原论 45
欧几里得几何与还原论 45
世界是由基本组成单元组成的 46
相互作用是还原的 47
标准模型 48
还原论的终结? 48
还原论与整体论 49

第三部分　物理学的基本原理

第八章　共识与物理学基本原理 …… 53

第九章　相对性原理 …… 55
行走的船与伽利略相对性原理 …… 55
牛顿绝对时空 …… 56
狭义相对性原理 …… 56
闵氏时空 …… 57
广义相对性原理 …… 57
弯曲时空 …… 58

第十章　对称性 …… 59
时间平移对称性 …… 59
守恒量与对称性: 诺特定理 …… 59
狭义相对论时空对称性与自旋 …… 60
电荷守恒与内部对称性 …… 61
定域规范对称性与相互作用 …… 61
规范场与标准模型 …… 62
4 维 + 6 维 = 10 维 …… 62
10 维时空与弦理论 …… 63
严格与近似对称性 …… 64
重子数和轻子数守恒: 还有额外的维度? …… 64
隐藏的对称性: 黑格斯机制 …… 65
宇称破坏与共识理论 …… 66

第十一章　系综 …… 67
热学现象与热力学规律 …… 67
世界是由原子组成的: 统计力学 …… 68
微正则系综、微观状态数和熵 …… 69
粒子间相互作用与共识 …… 70
多即不同 …… 70
等概率原理是第二种类型共识的具体体现 …… 70
单次测量的不完备性 …… 71

费曼路径积分 …… 72

第十二章　量子论与规范相对性原理 …… 75
天然放射性 …… 76
高能散射实验 …… 77
不完备的单次测量 …… 77
塌缩问题 …… 78
环境导致塌缩？ …… 78
平行宇宙？ …… 78
上帝掷骰子吗？ …… 79
不说只算 …… 79
从第二种类型共识出发理解测量问题 …… 80
规范相对性原理与量子的起源 …… 81
无穷大、重整化与规范对称性 …… 82
规范观测者是现实存在的吗？ …… 83
量子引力？ …… 84
展望 …… 85

第十三章　结语 …… 87

附录一　共识理论先驱 …… 89

附录二　指数律的数学描述 …… 97
第一种类型共识 …… 97
第二种类型共识 …… 98
一般情况 …… 99

附录三　给教师的话 …… 101
本书特点 …… 101
讨论题目 …… 101

参考文献 …… 103

第一部分　科学与共识

第一章　如何理解巨变的世界?

变化的世界

就像古籍《易经》名字所言, 理解变化的世界是人类长期以来的追求。今天与昨天有什么不同? 一般情况下, 世界在两天之间似乎没有什么大的变化。与此印象相反, 与 10 年前对比, 人们一般会察觉世界有明显的变化。如果把时间线延伸到 30 年、50 年、100 年间, 中国社会的变化更是剧烈。50 年前, 我所在的地区还没有电力供应, 照明靠煤油灯和蜡烛。虽然不至于挨饿, 但只在特定的日期才有 "白面" 吃。40 年前, 当电力开始普及时, 人们的理想还只是 "电灯电话, 楼上楼下"。这类巨变的例子其实不胜枚举, 可以说存在于方方面面。那么我们如何描述、理解和把握社会的这种巨大变化? 变化背后的规律是什么? 科学和技术在变化中起到什么样的作用?

增长的线性模型与指数模型

面对变化的现象, 我们首先能做的是进行描述, 特别是尽量进行定量描述。下面我们以对社会财富增长的描述为例进行说明。

从世界范围来看, 财富在某个国家或地区的变化不见得都是增长, 有时候还会减少。一般来讲, 财富增长或者减少的原因 (机制) 是复杂的、多方面的, 甚至搞清楚背后的机制都是很困难的。如果仅限于描述变化这种现象, 而暂时不去深究其原因, 那么还相对简单一些。对于社会财富增长的描述, 直接的表现就是积累效应, 即社会总产出大于总消耗会导致财富积累。当然也可能在某个时期, 财富的产出小于消耗, 那么财富就不是积累, 而是减少。我们试着描述一个社会财富在不长时间内持续积累的现象。财富积累的速度至少存在下述两种情形: 一种是财富积累的增量与积累的时间成正比, 即随着财富积累时间的变长, 总财富线性增长; 还有另一种财富积累更快速的方式, 即指数律增长。为了理解指数律的特征, 我们先讨论一下银行的复利率, 以其作为描述社会剧烈变化的简单模型 (toy model)。

指数律的例子: 复利率

如果某人存入银行 1 元, 假设复利率为 5%。如表 1.1 所示, 第 1 年底本金 1 元加上利息为 1.05 元; 第 2 年底本金 1.05 元加上利息 5.25 分, 共 1.1025 元, 四舍五入为 1.10 元; 以后年份以此类推。第 2 年似乎可以四舍五入的 0.25 分, 随着时间的推移会导致令人惊奇的结果。比如 100 年后, 本金加复利为 131.5 元; 而 300 年后, 本金加复利变为 200 多万; 1000 年后, 本金加复利变为令人恐怖的数字, 约为 10^{21} 元。作为对比, 2021 年中国的 GDP 约为 100 万亿元, 指数表示约为 10^{14} 元。1 元的本金, 1000 年后的本金加利息为 2021 年全国 GDP 的上千万倍。

表 1.1 本金加利息总数随存入年限的变化情况, 其中三种情形对应复利年利率 5% (指数律增长)、本金利率 5% (线性增长), 以及本金利率 10% (线性增长), 初始存入本金为 1 元

	复利年利率 5%	年利率 5%	年利率 10%
存入	1.00	1.00	1.00
第 1 年	1.05	1.05	1.10
第 2 年	1.10	1.10	1.20
第 3 年	1.16	1.15	1.30
第 10 年	1.63	1.50	2.00
第 20 年	2.65	2.00	3.00
第 30 年	4.32	2.50	4.00
第 100 年	131.50	6.00	11.00
第 200 年	17292.58	11.00	21.00
第 300 年	2273996.13	16.00	31.00
第 1000 年	约 10^{21}	51.00	101.00

作为与指数律增长的对比, 表 1.1 还列出了线性增长的两种情形。对于利率为 10% 的线性增长, 复利率为 5% 的财富在一开始落后, 在 30 年后才相当。到了 100 年, 指数律增长远大于线性增长, 而 100 年后, 线性增长的财富积累几乎可以忽略不计。图 1.1 用曲线更直观地展示指数律增长与线性增长的关系。

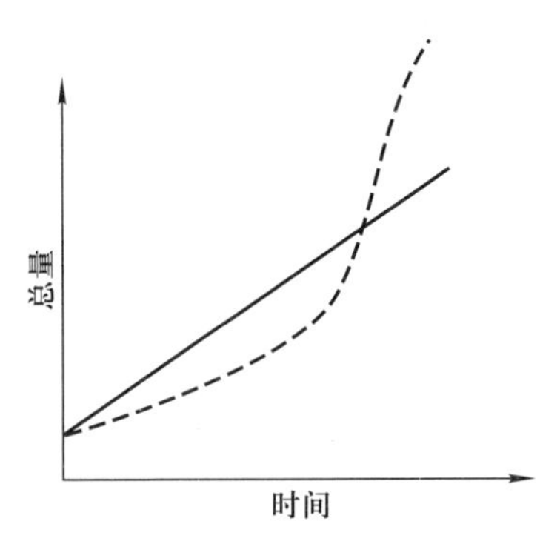

图 1.1　指数律增长曲线 (虚线) 与线性增长曲线 (实线) 的对比

链式反应与原子弹

指数律在自然界有很多例子, 最有名的可能是原子弹爆炸的基础: 链式反应 (chain reaction)。所谓原子弹的链式反应, 即铀原子产生的净中子数成指数增长, 一个中子变成两个、两个变成四个……这个链式反应过程使得质量不断转化为能量, 最终的结果是释放出巨大的能量。关于链式反应的具体物理过程不在此赘述, 但其特征与复利率一样。

摩尔定律与大数据时代

另一个常见的指数律现象是所谓的摩尔定律。摩尔定律是戈登 · 摩尔[①]的经验之谈, 其核心内容为: 集成电路上可以容纳的晶体管数目大约每经过 18 个月便会增加一倍。随着单位面积

[①]戈登 · 摩尔 (Gordon Moore, 1929—2023), 美国科学家、企业家, 英特尔公司创始人之一。

上集成晶体管数目的指数增长, 器件尺寸变小, 相应的计算能力也会大大增强。

随着半导体器件和计算机的发展, 人们会遇到所谓的信息爆炸。它指的是 20 世纪 60 年代以来, 社会产生的各类信息大量涌现。随着互联网, 特别是移动互联网的发展, 我们进入了“大数据”时代。数据产生量给人以爆炸的感觉。

指数律与共识

作为一个简化模型, 指数律可以自然地描述众多现象的剧烈变化, 那么指数律发生的必要条件是什么? 从上面的论述和附录二的数学表达式里, 我们看到指数律的本质是有效的迭代。有效迭代的发生其实并不容易。当我们分析巨变的社会现象时, 必定涉及构成社会的每个人, 甚至还要涉及前人。是什么使得涉及众人的有效迭代可以发生? 答案是, 人与人之间共识的达成是一个必要条件。

历史学家尤瓦尔 · 诺亚 · 赫拉利[②]在他的书《人类简史》中细致描述了历史上智人如何通过发明抽象的概念 (智人讲故事的能力) 来建立人与人之间的共识。一个日常生活中的例子就是“钱”这个概念的产生, 使得陌生人也可以有效达成共识。历史告诉我们, 一个全新概念的引入所带来的共识, 以及这种共识可能带来的巨大力量会引起世界的巨变。

科学本质上是一类重要的抽象概念, 是一种让人们有效达成共识的方式。科学与其他达成共识的方式从机制上是一样的, 但它的特征使得达成的共识更有效, 时间也更持久。就像复利率所展现的指数律特征, 长时间有效共识导致了社会的巨变, 使得科学成为社会形态的决定力量之一。结果是世界在几百年前进入了科学时代。

[②] 尤瓦尔 · 诺亚 · 赫拉利 (Yuval Noah Harari, 1976—), 历史学家, 希伯来大学历史系教授。

科学时代、科学与技术

近几百年的世界历史被一些历史学家称为科学时代，也就是说科学所起的作用在近几百年越来越大，甚至成了决定社会面貌的力量之一。科学时代具体表现为几次工业革命，以机器生产为代表的技术蓬勃发展，令人眼花缭乱。技术以及它对应的工业产品，如果在某个时期内能够以指数律增长，一个必要条件[③]是当时技术的基础必须是可靠的。科学可以提供相应的可靠知识，并可以促使共识达成。作为一个具体的例子，上述摩尔定律反映的就是半导体技术与科学的关系。日新月异的半导体技术，其支撑恰恰是包括半导体量子理论等在内的物理理论。

顺带提一下，在现代科学发展以前，技术发展的可靠基础其实是经验的积累，或者早期的科学。在人类经验积累到一定阶段后，以伽利略为代表的现代科学的最主要特征就是重视系统的观测和实验，从而对知识进行总结和约束。有些人甚至认为，现代科学是工匠与哲学家的有机结合。

科学史表明，虽然科学理论有可能得到进一步的发展，因为实验检验的引入，使得旧理论只是新理论的近似，但在原有条件下，旧理论依然适用。所以，科学理论固然可以发展，以适用于更广的范围，但科学知识所带来的可靠性依然保留。

正如很多人强调的，科学与技术紧密相关，但又有区别。我们看到的指数律增长往往是技术进步，而科学可以提供技术进步必要的共识，即可靠的科学知识，作为技术进步的支撑。如果可以用指数律表示，科学不仅使得指数律增长成立，一般还决定了技术增长的实际速度。科学发展史也表明，科学每打开一个领域，就会发展出一批相应的技术，如基因与相关生物技术、半导体与集成电路技术、质能关系与核能利用等，这方面的例子不胜枚举。

③有效交流可以加速有效迭代，特别是从整个社会发展的角度。

指数律减少与指数律失效

正如指数律增长非常迅猛，指数律减少往往是崩塌式的，就像自然界中的雪崩现象。这类现象其实也是常见的，比如在后面会提到天然放射性的行为就是指数律减少。因为天然放射性的典型时间尺度比较长，效应在短时间内不是很明显，但人工的放射性现象就会表现出快速的衰减行为。

如果共识不在，当然指数律也会消失。比如，人口爆炸曾经引起人们巨大的担忧，但是随着社会的发展，引起人口指数律增长的共识正在消失，人口增长的指数律也就失效了。指数律长时间的效果是巨大的，但在实际问题中，由于其他因素，比如资源总量的限制，当指数律机制不再是主要因素时，它也会失效。

第二章　共识与雨伞理论

共识的两种类型

共识最常见的形态是人们之间共同认可的知识, 本书称其为第一种类型共识。物理学的规律一般被认为具有客观性, 即不依赖于是哪个人得到的, 不随时间和地点变化。物理知识的这个共识特征促进了世界上人们的合作交流和知识迭代, 成为支撑技术发展的稳固基础, 是导致科学时代的最根本原因。我们用图 2.1 的阴影部分代表第一种类型共识。

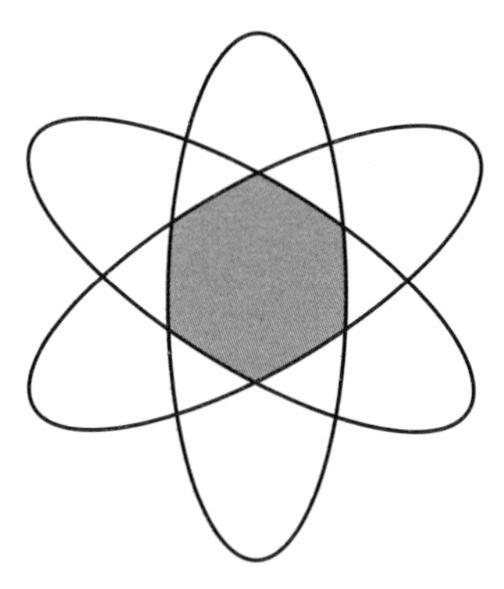

图 2.1　这幅示意图代表了共识理论的核心概念, 它受到原子模型的启发。其中三个椭圆代表多个人 (多次观测), 其阴影部分代表共识的第一种类型: 共同认可的知识; 白色部分代表共识的第二种类型: 不同的互补认识的整体构成完整的认识

共识也可以理解为共同认识, 即把不同人的认识综合起来, 从而得到完整的认识。这是第二种类型共识, 在图 2.1 中用白色表示。这种类型的共识可以类比盲人摸象的故事, 只有综合不同的观测才能得到完整大象的知识。原则上这个观点容易理解, 但

实际达成共识的过程不会容易。对于盲人摸象,每个人的视角不同,这往往会导致不同观点的激烈争辩,“公说公有理,婆说婆有理”。毕竟承认自己认识的局限性和不完备性是困难的。在这类共识的表现形式中,并不要求不同人秉持相同的知识,但要求承认知识的不完备性,所谓“和而不同”。盲人摸象在文化符号上带有一点贬义,但从共识的角度来看,它对应的是一种重要的认识方式。

共识的一般情形与数学描述

共识的一般情形是两种类型同时存在,第一种类型和第二种类型的共识只是强调不同的方面。第一种类型强调的是相同认识,而第二种类型强调的是互补性。图 2.1 中,除了共同的阴影部分,每个具体的认识还有不同的部分,那么这些不同的部分其实也是对于描述对象的认识。所有相同的和不同的认识的整体构成了对象的完备描述。

在附录二里,我们给出极限情形下第一种类型和第二种类型共识的一个简单的数学模型描述。模型的主要目的是展示共识表现的形态。对于第一种类型共识,形态表现为巨大的指数变化;对于第二种类型共识,形态表现为振荡。兼具两种类型共识的一般情形,形态上既有指数变化,也存在振荡行为。上一章我们讨论了如何理解巨变的世界,这大多是第一种类型共识表现出的行为。正是这种巨变的特征使得第一种类型共识更可能被人们认识到。

科学是被人发现的还是创造的?

科学作为达成共识的新方式,其独特性质之一在于其与具体人[①]的无关性[②]。为什么存在与具体人无关的科学规律,从而促使不同的人达成共识?我们也可以从另一个角度来提问:科学是被人发现的,还是创造的?

[①] 在讨论物理时,具体人指的是每一次具体的测量。
[②] 暂时不讨论对于量子测量的诠释。

如果假设世界有不依赖于人的意识的物质存在, 其固有的性质和规律被人发现, 自然也就不依赖于是谁发现了它。这种假设同时也为不同人达成共识提供了基础, 毕竟不同人认识到的是相同的物质特性。这也是阿尔伯特 · 爱因斯坦[③]的狭义相对论里两个基本公理之一 —— 相对性原理[④]所要求的, 即物理规律对于不同的观察者是一样的。如果仔细考虑, 其实这个假设存在一个根本的疑惑: 与人意识无关的物质为什么会被意识认识到? 爱因斯坦的一句广为人知的话, "宇宙最不可理解之处, 就是它可被理解", 就反映出这种疑惑。不仅如此, 物理系统表现出的量子特性进一步加深了这种疑惑。随着 20 世纪量子论的发展和相关实验检验, 人们需要面对如何理解量子论 "诡异" 的行为的巨大困惑。具体来讲, 对相同实验条件下物理系统的观测可以得到不同的实验结果, 但人们竟还可以预言不同实验结果的发生概率。概率性与确定性竟然同时存在! 爱因斯坦一生都不能接受这种明显违背他信奉的相对性原理的量子论。这样的量子现象不得不让人疑惑: 是否不依赖人而存在物质世界的假设需要修正? 是否还存在其他可能性?

从另一个角度, 即规律被人认识的角度来看, 科学是人在直接经验之上通过引入抽象概念创造的。在这样的假设下, 科学在本质上就是 (或者定义为) 不同人经验[⑤]的交集。照此当然也完全可以理解科学成为达成共识的有效手段之一, 以及其在实践中发挥巨大作用的原因, 因为科学本质上就是共识。从这个角度来看, 物理中的相对性原理不仅仅是自然的要求, 而且是科学的本质决定的。当然对这种假设的最根本的疑惑在于, 所有人的交集为什么会存在, 即科学规律本身为什么会存在?

如果把上述两种假设结合, 既假设存在不依赖于人的物质世

[③]阿尔伯特 · 爱因斯坦 (Albert Einstein, 1879—1955), 相对论的主要奠基人之一。

[④]在狭义和广义相对论里, 相对性原理针对的是物理规律, 虽然具体表述不同, 但实质上是一致的。

[⑤]对物理系统, 一般使用的词语是测量或者观测。

界, 同时也假设规律来自每个具体人的经验 (或者测量), 它一般是不完备的 (incomplete), 是片面的或者局部的 (空间和时间意义上), 则在此假设下, 关于宇宙 (整个世界) 的完备的 (complete) 描述需要建立在不同人的经验 (测量) 的交集, 或者叫共识之上, 这个交集会随着更多经验的加入而升级。其实, 量子论展现给我们的恰恰就是这个图像。熟悉高能加速器物理实验测量的人知道, 人们需要研究大量雷同的对撞, 并对其不同产物进行测量、统一分析, 才能检验支配物理系统的完备规律, 即粒子物理的标准模型理论。这也体现了《道德经》的思想: "道可道, 非常道; 名可名, 非常名。" 首先要假设 "道" 的存在, 同时也要承认人类具体认识的 "道" 的局限性。要承认完备描述的可能性, 同时也要承认具体描述的局限性。

在上面第三种假设下, 怎么理解 "人" 和人的意识? 首先假设 "人" 是物质的, 是宇宙的一部分 (时间和空间意义上)。其次假设 "人" 的这些物质会表现为人的意识。人具有认识宇宙的 (局部) 能力, 这种能力是建立在物质之上的。应当承认, 意识的发生机制目前并不清楚, 需要进一步深入研究。

共识主义

上面三种假设, 可以分别叫作客观主义 (objectivism)、主观主义 (subjectivism) 和共识主义 (consensusism[⑥])。三个有哲学意味[⑦]的假设各有利弊, 可以预见关于不同假设的争议会持续存在。所幸的是, 无论是哪种假设, 科学都可以促进人类达成共识, 同时共识也是科学的最根本要求 (比如相对性原理)。如果我们假设共识就是科学的本质, 它也许可以带来我们对于宇宙的新理解。在物理学未来的发展中, 我们需要扩充爱因斯坦相对性原理的内涵, 即承认单次测量的不完备性, 从而包含量子论所展示的图像。从共识这个新的角度, 我们有可能发现新的物理理论,

---

⑥这个词在英语中还不存在。

⑦虽然与哲学关系密切, 但本书的主要目的并非哲学, 而是物理学。

后面还会回到这个问题。

雨伞理论

按照共识理论, 无论对于研究社会现象还是自然科学现象的学科, 共识都是支撑相关系统知识的核心概念。各具体学科就像雨伞的扇面, 随着时间不断发展壮大, 支撑具体学科发展的核心就是相应的共识, 我们用伞柄代表, 如图 2.2 所示。当然随着时间的推移, 一旦共识不在, 也就是该学科式微之时。雨伞理论的另一层含义是, 知识是个整体, 具体学科其实是对整体世界从某个角度的具体认识。从共识这个框架出发, 对社会科学和自然科学, 甚至人文学科可以达到一定程度的统一理解。

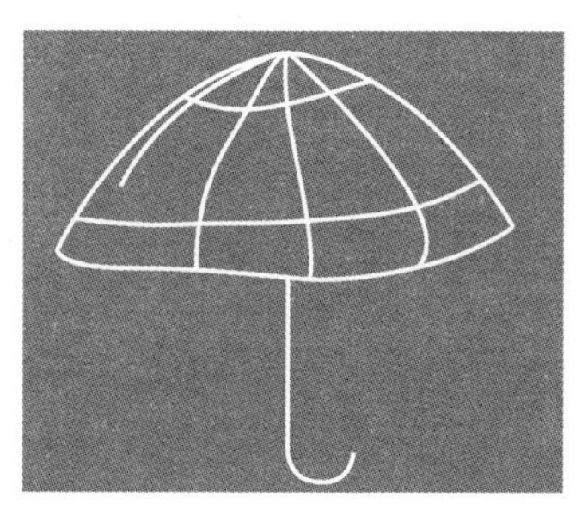

图 2.2　雨伞理论示意图。具体学科为伞面, 随时间不断发展壮大, 支撑的伞柄为该学科的“共识”

上面在社会现象中, 我们简略地分析了技术与科学的关系。本书的主要目的是从共识的角度来探讨物理学, 它是自然科学的基础。下面我们开始转入对于物理学的具体讨论。

第二部分　物理学的特征

第三章　关于物理学的共识

人类可靠知识的积累建立在前人基础之上, 往往还要与同时代的人进行协作。这两者的发生都需要建立在某些共识之上。具体到科学, 它积累的基础就需要对科学达成某种共识。实际上, 共识往往并非社会上所有人都同意, 而是在某个群体内被认可。从实践来看, 对于科学以及与其紧密相关的技术达成共识的群体, 即科学共同体, 是跨人种、跨国家和地区的。

物理学是科学的主要代表之一, 是整个自然科学的基础。作为上述雨伞理论的例子, 物理学这门学科是建立在一些共识之上的, 这包括:

(1) 物理学研究的对象,

(2) 获得物理知识的方式和途径,

(3) 物理知识表达的方式,

(4) 物理知识的适用范围和演化。

应该指出, 上述共识的具体内容并非完全确定, 有的也存在争议。比如, 对于物理学的研究对象, 人们一般认为是针对物质世界, 不涉及意识。如果涉及意识, 通常也认为它对应复杂的物理、化学和生物过程。对于很多物理学家来讲, 意识是所有物质的物理、化学过程的整体体现, 只不过目前我们尚没有满意的知识和工具来描述其具体发生机制。

现代物理学通过观察并引入抽象的概念来定量描述自然现象, 并用合适的数学描述自然界的规律, 所得规律的新预言也要接受进一步的实验检验。这一套方法称为系统的科学方法, 是获得物理知识的方式和途径, 也是物理知识表达的方式。物理规律一般都有适用范围, 并非适用于所有情形, 可能随着新的条件而修改, 从而得到新的规律。即使有了新规律, 用这种科学方法得到的所谓旧规律在其适用范围内依然还是成立的。就算科学知识可以进化升级,其特征也保证了现有规律的预言在特定条件下的可靠性,以及根植其上的技术的可靠性。这种例子不胜枚举,比如牛顿力学与相对论力学的关系。虽然牛顿力学是相对论力学的低速近似,但在低速情形下人们依然应用牛顿力学。

科学时代的称呼已经表明,科学讲了一个“好故事”。人们可能好奇,为什么科学这个故事讲得如此好,影响如此大?

从实用的角度,答案是比较明显的:因为科学可以支撑技术,科学与技术大大改变了世界面貌,逐渐成为人类进步的决定力量之一。恩格斯 1883 年 3 月 17 日在《在马克思墓前的讲话》不长的内容里,特别阐述了科学对于实际应用的重要性:“在马克思看来,科学是一种在历史上起推动作用的、革命的力量。任何一门理论科学中的每一个新发现——它的实际应用也许还根本无法预见——都使马克思感到衷心喜悦,而当他看到那种对工业、对一般历史发展立即产生革命性影响的发现的时候,他的喜悦就非同寻常了。例如,他曾经密切注视电学方面各种发现的进展情况,不久以前,他还密切注视马塞尔·德普勒的发现。”

当然科学的出现和发展也是基于人类的基本能力,这与其他知识并无二致。从这个意义上来讲,所有人都具备理解科学的潜力。人类利用基本的感知能力,通过观测获得直接经验。为了把握越来越多的直接经验,人类利用自身的抽象能力创造了概念,并利用概念描述世界。具体来讲,科学采用物质、时间、空间等抽象概念,用数学作为语言来描述这些概念以及它们间的关系。在认识复杂世界的过程中,人们就像搭积木一样,采用还原论这个范式[①]进行简化。还原论在科学发展中大放光彩。

上述这些科学的特点,一方面充分表明了人强大的想象力和创造力,就像飞翔在天空的风筝;另一方面,这些概念和概念

[①] 范式 (paradigm) 是指一种理论体系、理论框架,其包含的理论、法则、定律等被人们普遍接受。美国科学哲学家托马斯·库恩 (Thomas Kuhn, 1922—1996) 提出这一概念并在《科学革命的结构》一书中做了系统阐述。

间的关系主要来自观测和实验, 同时也必须接受所有观测和实验的约束。观测和实验就像束缚风筝的线。实证使得科学得到的认识是可靠的 (至少从共识的角度), 而技术则建立在这种可靠的科学知识之上。上述突出特点使得科学逐渐成为人们跨地区、跨种族的共识, 也是更广泛意义上的一种认识世界、改造世界的范式。

在第二部分后面的章节中, 我们将从如何有利于达成共识的角度, 分别论述物理学表现出的几个主要特征: 观测与实验、理论化、数学化和还原论。

第四章　观测与实验

本章将重点讨论观测与实验这根“风筝线”(见图 4.1)。

观测是人类知识的起点。随着工具的发展, 系统设计的实验开始用来揭示现象背后的规律并检验已有的想法。这是现代物理学开端的标志。随着人类对世界的认识越来越深, 关于实验本身的理解也在不断加深。

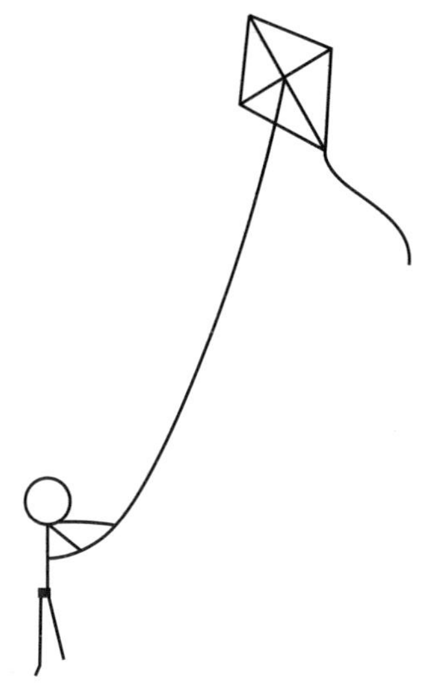

图 4.1　观测与实验和理论的关系示意图。理论像风筝, 观测与实验像风筝线

人的直接经验与共识

人们间的共识是有效合作的基础, 而共识的根本来源是人的直接经验。对于个体成长, 其实共识也是必需的。个体成长也

要建立在前后某些共识的基础之上[①], 不断地迭代演化。人类早期发展史是个有趣的话题, 但是由于缺少资料和证据, 要得到坚实的结论其实并不容易。但是, 人们可以从幼儿发展到成人的过程来做推测[②]。幼儿生来就有直接经验能力, 对于声音、光线都有反应, 即具有基本的对外界刺激的响应, 这奠定了后来的听、说、读、写、画等能力。通过学习和积累, 他们还会发展出语言、歌唱、反思、想象 (虚拟现实、编故事) 等复杂的能力。其中虚拟现实能力, 也就是编故事的能力, 与物理学理论化抽象能力的基础是一致的, 也是达成更多人[③]共识的基础。

有规律的世界

通过每个人的直接经验, 不难设想, 人类会逐步达成对外部世界的初步共识。人类对于世界的共识有各种可能性, 其中必定有对世界的恐惧, 即对不可控因素的恐惧。出于这种恐惧, 人类必定产生对确定性的追求, 按照现在的说法, 即提高预测能力, 而预测的前提是发现规律。

随着包括语言等能力的发展, 人们积累了对于世界的粗浅看法, 并注意到世界是有规律的, 比如太阳与月亮的周期、闪电后会有雷鸣等等。

经验积累和描述

刚开始人们对世界的认识当然是朴素、粗糙的。这种对世界的知识的积累, 一开始是以口口相传的方式, 文字出现后会加

---

①多年前我在北京航空航天大学举办的某人才培养会议上曾提出过人才成长的自激模型 (self-motivated model, SM), 就是依据人成长的前后迭代, 最终表现为指数增长。在此模型的基础上, 我于 2018 年创建了北京大学物理学院 "主动学习实验室", 鼓励学生主动学习, 有效迭代。如果从共识角度来理解教育, 那么教育 (学) 的基本原理则是师生达成共识。

②其实人的生理结构也是演化的, 且成长的环境也大相径庭, 但个人成长可以作为对人类早期行为做推测的重要参考。

③经验表明, 如果没有编故事的抽象能力, 最多可以组织 200 多人。这方面的讨论可以参考赫拉利的《人类简史》。

速知识的积累。文字使得知识传承和迭代可以在更大范围内进行。随着生产力的发展，部分人开始把很多精力放在对世界的认识上，形成最初的哲学家群体。在古代中国、古埃及、古希腊和古印度等文明古国，都有对于世界的不同看法和对于规律的描述。有趣的是，此阶段出现的时间相差不大，整体面貌也表现出类似的特征。

在不断积累了对世界的经验后，如何对复杂的世界进行描述，使得世界变得有秩序？世界的本质是什么？世界是如何运行的？对这些问题的提问、回答标志着人类理性的觉醒。哲学家们开始把复杂的事情进行归纳和分类。人、动物、植物、天体…… 就是一个个大的分类。每一个大类都还可以细分。比如天体中，太阳和月亮占据了独特的地位，看起来不动的星叫恒星，动的叫行星…… 这些经验和粗浅的认识被记录下来，比如中国的先哲们把这种经验总结成流传至今的《易经》等书籍。有了这些珍贵的书籍，人类就不必从头开始，可以更便利地在前人经验的基础之上进一步发展。

宏观力学

现代物理学的源头与宏观力学的发展密切相关。

在各种形态的运动中，最简单的一种是位置随时间的变动。这种宏观物体之间相对位置的变动，称为机械运动 (mechanical motion)。比如，人和物的移动，大气和河流的流动，太阳、月亮、行星的运动等等。在现实中，与之相对的，是物体没有相对运动，即保持相对静止。静止的条件也是早期人们研究的问题。

比如，2000 多年前，古希腊人对于有些力学问题已经有了很好的了解，但运动的概念是混乱的[④]。亚里士多德[⑤]把运动分为两大类：自然运动和受迫运动。每个物体都有自己固有的位置，自然运动就是物体在偏离它后趋于回到固有位置，而受迫运动

④见如赵凯华、罗蔚茵所著《力学》。

⑤亚里士多德 (Aristotle, 前 384—前 322)，古希腊哲学家、科学家和教育家。

就是外力下产生的运动，如果外力消失，则运动停止。那怎么解释离弦之箭的运动呢？亚里士多德的解释是，周围空气挤向被箭推开的尾部真空。

行星运动

人们一开始自然地认为地球是中心，太阳、月亮、行星等围绕其运行。尼古拉·哥白尼[⑥]提出太阳中心说，乔尔丹诺·布鲁诺[⑦]对此学说做了支持与宣扬。随着第谷·布拉赫[⑧]的观测，约翰尼斯·开普勒[⑨]在此基础上总结出行星运动的三定律。

工具与系统设计的实验

人类制造工具从利用木器、石器、骨头、贝壳等开始。在从简单工具到复杂工具的演化过程中，人类是如何迭代的？不难猜测，这种经验积累发生于口口相传和手手相授。

这种自古就有的能力在 17 世纪有个巨大的变化。以伽利略·伽利雷[⑩]为代表，人们设想了不仅从观测得到世界的知识，还通过系统设计的实验来得到新规律、检验假设 (理论预言)，并改进假设的新科学方法。伽利略的比萨斜塔实验据说只是传说，但文献中记载了伽利略的斜板实验，以及利用它对匀速与匀加速运动的研究。伽利略还利用玻璃技术发明了望远镜，用于观测天体运动。所以伽利略被誉为现代物理学之父。

历史上第一次用观测与实验决定性地驳倒亚里士多德观点的是伽利略。他第一次提出加速度的概念。他考察了自由落体

[⑥]尼古拉·哥白尼 (Nicolaus Copernicus, 1473—1543)，文艺复兴时期波兰天文学家、数学家。

[⑦]乔尔丹诺·布鲁诺 (Giordano Bruno, 1548—1600)，文艺复兴时期意大利思想家、自然科学家、哲学家和文学家。

[⑧]第谷·布拉赫 (Tycho Brahe, 1546—1601)，丹麦天文学家和占星家。

[⑨]约翰尼斯·开普勒 (Johannes Kepler, 1571—1630)，德国天文学家、数学家与占星家。

[⑩]伽利略·伽利雷 (Galileo Galilei, 1564—1642)，意大利天文学家、物理学家和工程师。

运动, 由位移正比于时间平方肯定了它是匀加速运动, 并得到了重力加速度与重量无关的结论, 即传说中的比萨斜塔实验的结论。他从物体沿斜面的运动推论出惯性定律, 即匀速直线运动不是用力来支持的, 这个解释与前述亚里士多德的解释是不同的。

爱因斯坦在 1953 年写给斯威策[11]的回信 (见图 4.2) 中, 特别强调了西方科学发展的两个基础。其中第二个基础就是 (文艺复兴时期) 用系统实验揭示背后的因果关系。

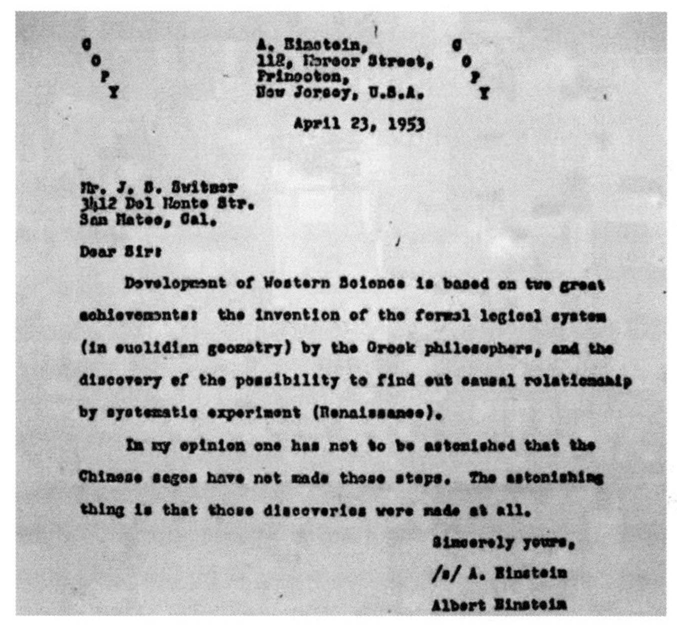

COPY

A. Einstein,
112, Mercer Street,
Princeton,
New Jersey, U.S.A.

April 23, 1953

Mr. J. S. Switzer
3412 Del Monte Str.
San Mateo, Cal.

Dear Sir:

Development of Western Science is based on two great achievements: the invention of the formal logical system (in euclidian geometry) by the Greek philosophers, and the discovery of the possibility to find out causal relationship by systematic experiment (Renaissance).

In my opinion one has not to be astonished that the Chinese sages have not made those steps. The astonishing thing is that those discoveries were made at all.

Sincerely yours,
/s/ A. Einstein
Albert Einstein

图 4.2　爱因斯坦写给斯威策的回信

观测与实验

对于天文现象, 人类只能观测, 一般并不能影响被观测对象。与此不同, 物理实验可以根据人的目的进行设计。天文观测和物

[11] 有文章推测了收信人斯威策 (J. S. Switzer) 具体是谁, 以及为何给爱因斯坦写信, 当然这只能是一家之言。

理实验的基础都是观测，是否可以改变研究对象是天文和物理的根本区别。

物理实验在发现和验证物理规律方面起到至关重要的作用，成为物理学最重要的特征之一。然而，我们一开始就要注意物理实验带来的潜在风险：人类设计和改变的研究对象是否还保持了其原来的性质？在现实中，人们往往假设这种改变可以很小，对于研究对象性质的影响可以忽略。

还原论其实与此也紧密相关。所谓还原论，就是把整体分解成更小的组分，并试图通过组分的性质推测整体的性质。当然没有什么原则可以保证这种还原的做法是合理的。从历史的角度看，还原论的做法在物理上取得了巨大的成功，后面我们会专门讨论还原论这个专门的话题。但我们应该警惕还原论潜在的风险。

实验发展与学科分化

由于实验的发展，越来越多的现象和规律被发现。物理学从自然哲学中分化，物理学研究的问题也慢慢分化。比如对日常所见的光的研究，分化为光学。早期对摩擦生电等电现象的研究，随着实验的进展发展为电学；早期对磁现象的研究发展为磁学。随着 19 世纪更多实验的开展，特别是迈克尔 · 法拉第[12]和詹姆斯 · 克拉克 · 麦克斯韦[13]的工作，使得电学和磁学合并为电磁学。对热现象和热机的研究发展为热学。到了 19 世纪末和 20 世纪初，以研究天然放射性和光谱为开端，原子物理逐渐成为一门新的学科。

今天我们有了更多实验，如激光实验、加速器实验等等。当然，天文观测也有了各种类型的望远镜，但人类对于天体现象依然只能观测，而不能控制。随着实验的发展，人类的认识框架

[12]迈克尔 · 法拉第 (Michael Faraday, 1791—1867)，英国物理学家、化学家。

[13]詹姆斯 · 克拉克 · 麦克斯韦 (James Clerk Maxwell, 1831—1879)，英国物理学家、数学家，经典电动力学的创始人，统计物理学的奠基人之一。

也在改变, 甚至可以说发生了巨大的变化, 库恩称它们是科学革命。虽然有所谓的科学革命, 但科学知识经过观测和实验检验的特征决定了其可靠性。

观测、实验与理论化是一体的

随着物理学各学科的蓬勃发展, 各类具体的知识和规律很多。如何把共同的部分抽取出来, 统一理解? 这需要进一步的抽象。这时理论化的抽象特点就显示出巨大的威力。理论化的问题将另外仔细讨论。

一般认为, 物理学的发展会经历从现象到经验规律总结、从经验到理论、从理论到数学结构几个阶段。但这种阶段的划分具有一定的任意性。值得指出的是, 实验观测和理论化是一个统一的整体, 不能割裂。从广泛的意义上看, 人类认识的过程就是理论化过程。实验阶段对于理论化中概念的形成极端重要, 而理论化阶段也需要注意概念以及概念间的联系从何种实验而来, 实验做了什么近似和默认的假设等。到了数学结构研究阶段, 不仅要把理论建立在更严格自洽的基础之上, 而且要对更广泛的物理系统统一进行描述。

科学革命与科学的可靠性

基于观测是科学知识的特征, 就算人类认识发生了革命般的巨变, 但其在过去条件下的预言还是可靠的。当然超出了过去的条件, 旧的认识与实验不能相符, 需要新理论来解释和预言。这个基于观测的特征决定了在其之上发展技术的可靠性。在系统的现代科学之前, 人类的技术就是这样不断积累的。当然, 这样的积累一般不是系统性的, 而建立在理论化之上的积累使得交流更容易, 零碎的经验整合更快速, 共识达成也更快。这就是物理学的理论化过程, 是人的基本能力的体现之一。现代科学的特征就是把这两者结合起来。而观测与实验的作用就像风筝线, 把人的像风筝般的想象力, 进行合理的约束。

基于实验, 超越实验

科学发展史表明, 实验起到至关重要的作用。人通过观测和实验得到的直接经验是可靠的吗? 虽然人们对世界的认识是以观测的直接经验为基础, 并可以用观测和实验来检验它, 但是直接经验并不见得十分可靠, 就像想象力不可靠一样。比如日常的直接经验是牛顿力学的速度叠加原理, 但它在光的传播速度上就不成立。

如何得到更真实的知识? 人们不仅需要想象力, 也需要实验。不仅要基于实验, 还要超越具体的实验。理论与实验相结合被证明是可靠的途径, 只采用一种方式是不行的。

观测是可以重复的吗?

除了前述对物理实验对象造成改变的潜在风险外, 还有一个对实验的假设值得讨论: 实验观测是可以重复的吗? 答案看似很显然, 即观测当然是可以重复的。这也是目前人们对物理实验观测的默认假设。值得指出的是, 对于实验的定义也是理论化的一部分。

随着对世界认识的加深, 观测本身的内涵也在拓展。量子论的预言与实验观测达到了高度一致, 但是单次实验测量又是不确定的。这个预言的准确性与单次测量值的不确定性的矛盾集中反映在所谓的量子测量问题上, 本质上就是如何理解量子力学理论与实际测量的关系。人们尝试了很多可能, 比如引入波函数塌缩、退相干, 或者平行宇宙等等。这些诠释尚没有达成 (第一种类型) 共识, 并不让人满意。

量子论显然在很多方面做对了, 否则它不可能与目前所有实验观测相符。另一方面, 对它的理解虽然经过百年发展, 但尚没有达到 (第一种类型) 共识, 这说明人类从根本上还有一些理解的误区。这个误区是什么? 是不是我们对于测量默认的可重复的看法需要做一点修正? 在对于物理系统进行观测时, 每次得到的观测值都应该是一样的吗[14]? 一般会认为, 对于相同的物理系统, 用相同的测量方法测量, 会得到完全相同的结果。如果实验得到了不同的结果, 一定存在额外的物理因素。

量子测量问题挑战了过去人们对于测量可重复性的默认假设。我们将在后面的量子论里再讨论这个问题, 并从共识理论的角度来拓展实验测量的内涵, 且试图回答量子论到底意味着什么。

[14] 因为没有完美的实验测量, 所以会存在实验误差, 但这不是本讨论关心的问题。对于测量, 如果不考虑量子的不确定关系, 原则上总是假设可以把实验误差控制到无穷小。

第五章 理论化

从根本上来说, 人类认识世界就是理论化世界。如果说观测与实验是共识的重要来源与约束, 理论化则是人类对积累的经验进行的超越经验的描述。理论化是人类虚拟现实能力最好的体现之一。图 5.1 是展示人类虚拟现实能力的艺术作品。

图 5.1 比利时画家勒内 · 马格利特 (Rene Magritte, 1898—1967) 创作的《比利牛斯山巅的城堡》充分展示了人类的虚拟现实能力

人们经过抽象发明了概念, 使得统一 (简单) 描述丰富的具体现象成为可能, 从而有利于人们达成共识。理论化要与观测和实验阶段相适应, 随着实验的发展而变化。一开始的理论化是初步的, 它忽略了具体观测对象的细节和次要因素, 这种抽象过程最后以形成概念为标志, 同时还建立了不同概念间的定量关系。

当实验进一步发展时, 需要对某类现象进一步抽象, 标志是形成某类现象的完整理论。当同时存在对不同类现象的理论时, 人们还可能对理论进一步抽象, 发展出相同的理论结构。理论化不断抽象的过程通过数学来描述, 数学是物理学理论化描述的最佳语言。理论化与数学化紧密相关, 但有很大区别。我们后面会专门论述数学化, 本章先讨论理论化。

现实①的不完美, 完美的不现实

在对运动的研究中, 伽利略意识到当时将人们引入歧途的是摩擦力或空气、水等媒介的阻力, 这在日常生活中难以避免。伽利略善于在观测结果的基础上提出假设, 运用数学工具进行演绎推理, 看是否符合实验或观察结果。如在自由落体的实验中, 他让水滴相继地从同处下落, 每两滴时间间隔相同。他观察到各个时刻相继两滴间的距离成等差数列。他运用数学中的抛物线性质, 得出下落距离和时间成平方关系。值得注意的是, 他对理论推导也很严谨。尽管抛物线的性质早在古希腊时期就已为人所了解, 但现存的伽利略手稿表明, 他把抛物线的公式又从头推算了一遍。所以他有句名言: 自然之书用数学书写。

从伽利略的例子可以看出, 为了得到正确的知识, 除了实验和观察外, 还需要抽象的思维。实验结果并不完美, 需要忽略导致不完美的次要因素, 只抓住主要因素。利用抽象出的概念, 才能对众多的杂乱测量结果进行比较, 从而达成共识, 对丰富的现象进行统一理解。

为了有效达成共识, 对于现象进行抽象, 产生相关的概念, 通过观测或者实验寻找概念间的关系, 这个抽象 (理论化) 过程的优势如下:

(1) 可以用概念概括众多现象, 这里往往使用抽象和近似。

①何为 "现实", 何为 "真实"? 真实是现实的事物, 还是抽象的概念, 这是一个古老的哲学问题。

实验往往是具体的, 不可能穷尽所有情形, 通过引入概念可以尽可能涵盖所有情形。

(2) 接受相同的概念的人群有利于交流和达成共识。

(3) 在物理中, 概念的关系往往是定量化、确定的, 这也往往意味着尽量减少相关知识的争议和模糊。

物质、时间和空间

从古至今, 人的共识包括对于物质、时间和空间的认识。虽然表达形式多样, 但基本认识应该差不多。比如, 万物在变动, 促使人们引入时间以区分昨天、今天、明天, 并认识到时间的单向性。物体处在不同位置, 促使人们引入空间概念加以区别, 并有前后、左右、上下 3 个维度。世间万物及其满足的规律也需要借助时间和空间来进行描述。可以说物质、时间和空间是人类理论化世界时产生的最基本概念。

对物质、时间和空间本质的思考不断积累, 以艾萨克 · 牛顿[②]为代表实现了科学的第一次革命[③]。牛顿在 1687 年出版的著作《自然哲学的数学原理》里, 给出了万有引力定律和三大运动定律。该书不仅奠定了经典物理学的基础, 同时也建立了人类如何获得可靠知识的科学方法。他通过论证开普勒行星运动定律与他的引力理论间的一致性, 展示了地面物体与天体的运动都遵循着相同的自然定律, 为日心说提供了强有力的理论支持, 并推动了科学革命。在力学上, 除了万有引力定律和三大运动定律, 牛顿还阐明了动量和角动量守恒的原理。在光学上, 他提出了光的微粒说, 发明了反射望远镜, 并基于对三棱镜将白光发散成可见光谱的观察, 发展出了颜色理论。他还系统地表述了冷却定律, 并研究了声速。在数学上, 牛顿与戈特弗里德 · 威廉 · 莱

[②]艾萨克 · 牛顿 (Isaac Newton, 1643—1727), 英国物理学家、数学家, 著有《自然哲学的数学原理》《光学》等。

[③]20 世纪相对论和量子论也可以称为第二次科学革命, 更恰当的说法也许是对以牛顿为代表的科学革命的 “重大修正”。

布尼茨[4]分享了发展出微积分学的荣誉。这表明那个时期科学与哲学开始分化, 但物理学家与数学家依然是一体的, 理论物理和实验物理也没有区分。另外, 当时科学家所关注的问题是全面的, 与今天学科的专门化形成明显的对比。

日月星辰与地面物体, 当尺度效应可以忽略时, 适用质点的概念。这是对物质的基本认识, 而真实的物体可以看成由多个质点组成。所以人们不难理解, 为什么牛顿在构想光的本性时, 倡导微粒说。

从质点到原子, 再到轻子与夸克

随着实验的发展, 人们由质点概念逐步产生了细胞、分子、原子的概念。应该说, 关于物质的组成, 原子只是其中一种阶段性概念, 现代原子与古代原子概念的内涵已经大相径庭。古希腊的德谟克利特[5]猜想有不可再分的原子存在。而现代原子论是由约翰 · 道尔顿[6]提出的。20 世纪早期, 人们发现原子并不基本, 它由电子和原子核组成。而为了解释新的实验结果, 特别是加速器实验的结果, 人们需要引入夸克来解释原子核的组成。值得强调的是, "组成" 这个词与日常的用法有很大的不同, 因为微观粒子具有量子行为, 只在很少的情形下, 组成这个概念才是大体可用的。

夸克其实最能够代表人类发明概念的能力。这是因为, 单独的夸克从来没有被实验直接发现, 这种现象称为 "夸克禁闭"[7]。它需要与其他夸克或者胶子一起组成重子或者介子 (合称强子)。强子才是被实验直接观测到的对象。所以夸克曾一度被一部分科学家认为只是一种方便的数学工具。

---

[4]戈特弗里德 · 威廉 · 莱布尼茨 (Gottfried Wilhelm Leibniz, 1646—1716), 德国数学家、哲学家。

[5]德谟克利特 (Democritus, 约前 460—前 370), 古希腊唯物主义哲学家。

[6]约翰 · 道尔顿 (John Dalton, 1766—1844), 英国化学家。

[7]夸克禁闭首先是个实验现象, 其次理论上也有众多迹象支持它, 比如强相互作用的渐近自由性质, 即夸克间离得越近相互作用越弱。

质点是人类直接经验的体现, 它拓展出的原子概念比较容易被人接受, 达成共识, 但其内涵 (指量子性) 已经大大改变了, 这种新的内涵只有在物理学家间, 在实验观测基础之上, 才能达成相应的共识。

经典场与量子场

随着光的微粒说和波动说之争, 物质的概念在 19 世纪进行了拓展, 引入了场的概念。它用来描述电荷和电流伴随的电磁现象。当时的人们会假设电荷和电流由类质点的荷电粒子组成, 而场对应的是日常生活的水波、声波等。以法拉第为代表的科学家引入了电场与磁场的概念, 用来解释电荷、磁铁和电流在附近空间造成的 "紧张状态", 如图 5.2 所示。

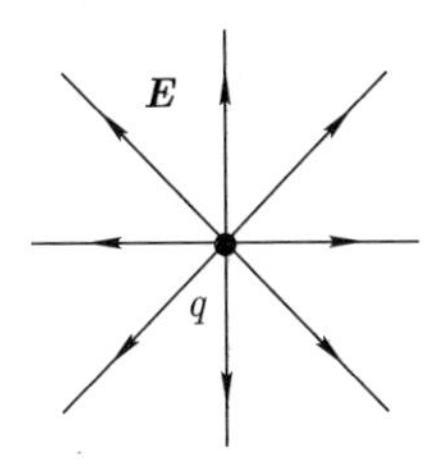

图 5.2 电荷 (q) 附近的电场 ($\boldsymbol{E}$), 即 "紧张状态"。其中箭头代表场的方向, 线的疏密代表场的大小

其实电场、磁场是两个抽象的概念, 实验上是通过它的效应, 即通过测量作用在电荷和电流上的力, 才知道它的存在。由于场的引入, 作为物质存在的一种形式, 人们可以更有效地总结电磁现象的规律, 并开展进一步的研究。历史上电磁规律集大成者是麦克斯韦。而爱因斯坦正是通过对电磁理论的研究, 才发现其与力学规律的不自洽性, 从而提出了相对论。

随着对于电场和磁场的深入了解, 人们发现它们互相联系, 构成电磁场。我们日常生活中的光其实就是特定频率的电磁场的混合。

上述源 (电荷和电流) 与经典电磁场本质上还是不同的。随着 20 世纪相对论和量子论的深入研究, 人们发现源与场本质上都是量子场。当源和经典场的量子效应不能忽略时, 只有把它们当成量子场才是合适的。

概念的演化

物质、时间和空间概念会随着新的研究对象和相应的规律而演化。最著名的例子是随着对电磁现象规律的研究, 人们发现原来互不相干的时间和空间是一体的, 统称为时空。另外, 经典场也会表现出量子行为, 演化为量子场, 可以兼具粒子性和波动性。这充分说明了物理概念是人类认识的产物。

力

力这个常见概念是个很好的用来说明理论化概念的演化的例子。

牛顿第二定律就是关于质点受力后, 力与加速度的关系的, 力是改变质点运动状态的唯一因素。牛顿的万有引力定律描述的是两个有质量的质点间是如何产生相互作用力的。在两个世纪后的电磁理论中, 人们对在电场和磁场中的电荷和电流也总结出相应的受力公式。

在今天对世界的基本规律的描述中, 力不再是个方便的概念, 而替换成动量的时间变化率。在理论的具体 (分析力学) 描述中, 它则变成了相互作用。当然在日常生活中, 力仍然是一个方便的概念。

过度理论化的陷阱

理论化在简化复杂现象描述以及达成共识方面的优势是明显的, 但我们要警惕理论化的陷阱。一方面, 没有实证支持的理论化是 “危险的”; 另一方面, 理论化过程中忽略掉的其他因素在实际问题中往往也是要考虑的。

还是举黑格斯粒子的例子。首先, 它是理论化的产物, 是 1964 年由黑格斯等人构想的虚拟粒子。当时他们之所以设想存在新的粒子, 主要目的是提供解决规范玻色子无质量问题的一种新途径。但是, 从过去的理论基础看, 这种新设想的理论性质不够理想、深刻, 即不够 "自然"⑧。为了让它更自然一些, 人们从 1970 年开始, 提出了几种新的理论构想, 有代表性的是人工色理论和超对称理论。在人工色理论里, 黑格斯粒子一般很重, 其行为已经不太像一个 "粒子"。在超对称理论里, 存在不止一个黑格斯粒子, 其性质一般与标准模型不一样, 同时还预言存在大量其他伴随粒子。这些新的理论看起来似乎比标准模型 "更自然"。因此当实验在 2012 年发现了黑格斯粒子, 其性质与标准模型预言符合时, 一部分人认为这是理论化的强大威力, 因为它早在 1964 年就被黑格斯等人的理论所预言, 但同时, 也有很多人感到意外, 因为从理论的角度看, 黑格斯等人的理论不够自然。从这个例子可以明显看出理论化的预言能力, 以及过度理论化所带来的可能陷阱。

人们对于发现黑格斯粒子的困惑, 很大一部分原因是掉入了过度理论化的陷阱。怎么理解 2012 年黑格斯粒子发现的真正意义, 我们将在后续的章节里进一步进行讨论。

⑧基于某些理论偏见, 它的性质很容易受到其他能量层级物理因素的影响。

第六章　数学化

对世界理论化的描述可以有多种方式, 物理学用数学进行描述。数学化是物理理论化的特殊描述语言。它不但要描述物理抽象概念, 比如物质、时间和空间, 也要描述概念间的关系。随着物理概念的不断提出, 不同的理论可能对应相同的数学结构, 从而达到更广泛的统一描述。

对抽象对象本身的研究是数学。数学与物理关系密切, 它不仅可以作为工具提供求解的技巧, 同时也可以脱离具体物理情形进行自洽性和严格性检验, 从而启发物理的发展。不仅如此, 数学化还可以脱离物理进行适当推广, 有可能开创新的物理研究对象 (自上而下, 对比归纳总结经验的自下而上)。

数学是对理论化概念和关系严格性的精确描述。事实证明, 这种严格性在大多数情形下是必要的, 但无限制地追求严格性有时候又难以描述具体物理对象的性质。当数学化中出现了奇异行为, 人们往往需要额外的处理和理解, 比如重整化过程①。

广义相对论是数学推广导致新的物理理论的最成功例子之一。但是过度推广也可能会遇到问题, 比如今天弦理论研究所面临的困境②。

数学, 物理抽象表达的最合适语言

对于物理理论化的抽象概念和关系表述得最好的语言是数学。就像基于声音的音乐是表达情感的最好语言、自然语言是日常经验表达和交流的方便工具一样。从这个意义上来讲, 数学

①简单来讲, 重整化是一种去除计算中出现的发散的程序。去除的过程从数学看来是不严格的, 但在物理上又是得到有意义结果的必要工具。去除发散其实是有条件的, 后面会看到规范对称性是发散去除的重要保障。

②弦理论最为人诟病的是它无法用实验检验。

是人类语言系统的一种，是利于抽象思维表达与交流的工具。数学所代表的语言特征是精确和高度概括性。

具有讽刺意味的是，数学有时候会成为人们理解物理的障碍。困难的根本原因不是数学本身，而是其代表的内涵。辨认数学符号系统并不难，难于接受的是其代表的抽象概念，以及概念间的关系。数学是人类抽象能力的集中体现。

空间、时间、物质的数学描述

欧几里得[3]几何是早期对空间概念和性质的最成功的描述，它刻画了点、线、面的各种几何性质。不仅如此，这些几何性质是建立在五条公理之上，通过形式逻辑联系在一起。时间并不像空间可以用视觉看到，但它对于运动的描述是必需的。按照定义，运动就是物质随时间的变化。对于物质，从质点到后来引入的场都是作为时间、空间的函数来描述。很难设想，在不引入时间、空间的情况下，如何对物质及其满足的规律进行描述。

关系的数学描述和方程求解

物理的核心任务就是发现规律，即发现不同物理对象间的关系。这种关系往往用方程表现出来。比如，牛顿万有引力定律方程表达的是引力与物体的质量以及物体间的空间距离的关系。再比如，麦克斯韦方程表述的是电荷、电流与电磁场间的关系。

一旦物理概念定量关系写下来，就需要在具体物理情形下求解方程。这个具体情形表现为初条件和边条件。数学可以一般回答在什么情形下可以求解、解的形式是什么等问题。从这个意义上，数学可以提供求解的工具。只要方程一样，就算具体物理对象不同，解的形式也是一样的。

自洽性检验和新发现

一旦多个物理关系被方程描述，那么从数学本身就可以进

[3]欧几里得 (Euclid，约前 330—前 275)，古希腊数学家，著有《几何原本》。

行自洽性检验。自洽性检验本质上是检验不同规律是否自相矛盾，毕竟世界是一个自洽和谐的整体，而物理规律往往是从特定的角度得出的。

物理发现有多种渠道，常见的就是对于经验的总结和归纳，数学自洽性检验也可以作为新发现的途径之一。一旦理论间出现矛盾，那就不得不修改理论，这往往要引入新的物理因素。

作为自洽性导致新发现的例子，我们简单介绍麦克斯韦位移电流。当时，人们已经分别总结出稳恒电流与磁场、电荷与电场的关系，以及变化的磁场与电场的关系。除此之外，电荷守恒也是一个得到实验精确检验的规律。当把这些方程放在一起进行自洽性检验时，就会发现在一般情形下这些规律不能够同时满足，必须引入变化的电场这一项才可以。这一项被称为麦克斯韦位移电流，它是电磁波存在的前提。位移电流是麦克斯韦最重要的发现之一。

严格性、奇点与理论适用性

用数学描述的关系是严格的，在求解某些具体的问题时就会出现奇异行为，伴随着奇点的出现。有名的例子就是点电荷的自能计算，当点电荷半径为 0 时，它对应的电场能量就会发散。当奇点出现时，人们一般会问是哪里出了问题。这就是理论适用性问题。一般来讲，理论都是有适用范围的。上面举的例子中，点电荷和电场的理论不会适用到电荷半径无穷小的情形。那么在实践中，必须处理掉这种奇异行为，从而得到有意义的结果。重整化是一种常见的物理操作程序，但在数学上并不严格。重整化的基本思想是，这些奇异行为应该不会出现在不同物理量的关系中，在表述不同物理量关系的方程中，奇点应该被消除。什么保证了这种相消？人们往往要求理论具有对称性。对称性实际是共识在物理上的具体体现，后面还会讨论到。从物理上看，重整化实际上可以让奇点从“麻烦”变成“有用的工具”。

数学与推广

18—19 世纪力学的发展主要集中在分析力学，它可以方便地处理更多有约束的物理问题。比如分析球面上质点的运动，处在球面就是一种约束。求解这种包含约束的物理系统一般比较困难。

分析力学的发展主要包括 1788 年的拉格朗日④力学和 1833 年的哈密顿⑤力学。值得一提的是，最小作用量原理虽然是在分析力学研究中提出的，但它成为后来各类物理系统研究中强有力的工具。人们很难想象，如果没有这种数学表述方法，如何开展后续的研究。

数学不仅在方法上对很多物理系统普适，它的推广也往往会带来新的物理研究领域。黎曼⑥几何处理的是当时尚没有物理对应的抽象对象，后来被用作广义相对论引力理论的数学基础。

数学过度推广的陷阱：弦理论

数学化的优势是把散乱的现象统一描述，而缺点是脱离具体真实的物理情形。数学进行必要的拓展对物理是有益的，但拓展方向众多，特别是可能失掉实证的检验。久而久之，过度数学化就会脱离真实物理世界，而走向形而上。

弦理论是一个好的例子。弦理论早期的引入是为了描述强相互作用，毕竟在高能粒子散射的极端相对论情形下，因为狭义相对论的纵向收缩效应，强子可以近似看成降低维度的物理对象。事实上，弦的引入确实得到了非常优美的，可以被实验验证

---

④约瑟夫－路易斯 · 拉格朗日 (Joseph-Louis Lagrange, 1736—1813)，法国数学家、物理学家。

⑤威廉 · 罗恩 · 哈密顿 (William Rowan Hamilton, 1805—1865)，英国数学家、物理学家、力学家。

⑥格奥尔格 · 弗里德里希 · 伯恩哈德 · 黎曼 (Georg Friedrich Bernhard Riemann, 1826—1866)，德国数学家。

的强相互作用的公式。对于强子散射的更多细节描述，需要引入基于量子场论的量子色动力学，而弦理论则无能为力了。

弦理论后来被用作对量子引力的描述，开始脱离实验检验，几十年来经历了从冷到热，最后又变冷的过程。具体讨论可以参考相关书籍。

自下而上，自上而下，四面八方

物理学传统上往往采用的是自下而上的方法，即在归纳总结观测和实验的基础之上进行理论化抽象，并借助数学描述。而数学的拓展采用的是自上而下的研究方法，为发现新的物理规律提供了一种新的可能性。过去的物理学发展表明，物理规律的发现往往需要两种方式的有机结合。值得一提的是，爱因斯坦在提出广义相对论之时，受到了大量激烈的批评。批评方的主要观点之一就是他破坏了 (当时传统认为的) 科学方法，即自下而上的方法。

本书的目的是论述共识作为物理学的基础，其中不同观测和测量的对比将成为除 “自下而上、自上而下” 之外的另一种科学方法，可以形象地叫作 “四面八方”，如图 6.1 所示。

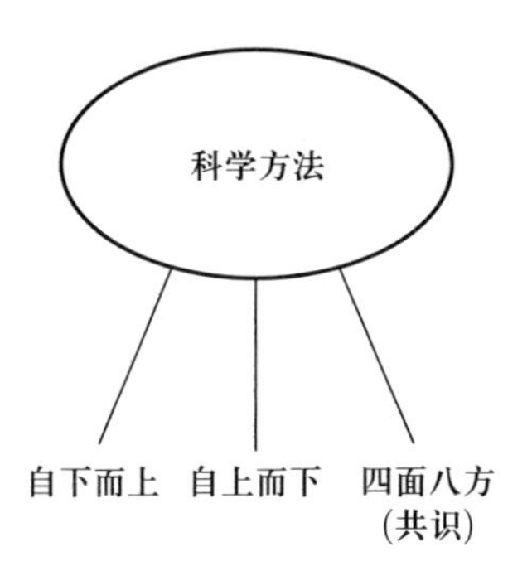

图 6.1　科学方法 “三足鼎立”，来自观测与实验的 “自下而上”，来自理论 (数学) 的一般原理的 “自上而下”，以及来自共识的 “四面八方”

第七章 还原论

还原论是把复杂系统变为简单系统的工具之一。还原论大约起源于人类搭积木的直接经验。如果用类比搭积木来理解世界, 那么世界的组成就是有什么积木块, 而组分间的相互作用类比积木间匹配的规则。

物理学的巨大成就与还原论密不可分。甚至可以夸张地说, 物理学的成功就是还原论的成功[①]! 还原论在讲好物理这个故事, 让人类达成共识方面起到至关重要的作用。可以说, 还原论几乎是现代物理学的代名词。理查德 · 菲利普斯 · 费曼[②]曾经说, 如果人类灭绝且只能留给后世一句话, 那应该是 "世界是由原子组成的"[③]。还原论的精髓是抓住了主要性质, 忽略了次要因素, 使得物质组成简化, 其性质和规律简单。但还原论为什么成功的原因其实并不显然, 没有什么能够保证这种方法注定会成功。今天它在有些问题上也面临挑战, 比如对于生命等复杂现象的理解。

欧几里得几何与还原论

在前文中, 我们展示了爱因斯坦给斯威策的回信。他阐述了西方科学发展的两个基础, 第一条是形式逻辑, 特别在括号里注明欧几里得几何。其实欧几里得几何也蕴含着还原论的思想。

---

①马一龙 (Elon Musk, 1971—), 企业家。他解决实际问题的 "第一原则"(first principle) 大体指的就是还原论方法, 这也是他鼓励年轻人学习物理的动机之一。

②理查德 · 菲利普斯 · 费曼 (Richard Phillips Feynman, 1918—1988), 美国理论物理学家, 因在量子电动力学方面的成就于 1965 年获得诺贝尔物理学奖。

③这句话应该从方法的有效性角度理解, 而不能仅当作一个科学事实。

欧几里得几何最重要的特征就是基于五条公设 (现在也常称为公理), 通过推导得到所有的平面几何特征。欧几里得几何的五条公设是:

(1) 任意两个点可以通过一条直线连接。

(2) 任意线段能无限延长成一条直线。

(3) 给定任意线段, 可以以其一个端点作为圆心, 该线段作为半径作一个圆。

(4) 所有直角都相等④。

(5) 若两条直线都与第三条直线相交, 并且在同一边的内角之和小于两个直角和, 则这两条直线在这一边必定相交。

欧几里得几何一个默认的前提是承认点、线的存在, 对应还原论中物质的基本组成单元, 而五条公设类比基本单元之间的相互作用。这类还原论的思路简化了繁复的自然现象和规律, 从而可以更方便地使得人们达成共识。

世界是由基本组成单元组成的

还原论的主要动机是简化, 比较容易想到的方法是进行分解。随着工具的使用, 物质基本组成单元的数目和性质都随时间而变化。

早期的还原论是基于猜测和对自然界的宏观现象的观测。比如古希腊德谟克利特的原子论就是还原论的体现之一。他提出原子不可再分, 不同类的原子及其组合对应世界的不同性质的物质。在早期世界文明中, 不乏对自然界的基本组成单元的猜测, 比如由金、木、水、火、土五个组成, 或者由气、水、火、土四个组成。随着时间的发展, 特别是从 19 世纪开始, 各类决定化学性质的元素被发现。决定化学性质的基本单元的元素被总结为元素周期表, 它们的数目越来越多。后来, 人们发现所有元素其实由更基本的组元组成, 即元素由不同数目的电子、质子和中子组成。基本组成单元曾一时变成了 3 个, 达到历史最低。到

④这条公理也有共识理论的萌芽, 即对出现在任意位置的直角进行比较。

了 20 世纪, 人们发现质子和中子其实由更基本的夸克组成。

值得强调的是, 随着不断的分解, 一开始的组分概念到今天其实已经发生了翻天覆地的变化。比如对于质子, 当人们说它由两个上型 (up) 夸克和一个下型 (down) 夸克组成时, 这种静态的图像只在有限的情形下近似成立。一般情况下, 质子可以看成一个 "沸腾的海洋"[⑤]。当人们用探针探测它的组成时, 所有标准模型的成分都有概率被探测到。

相互作用是还原的

随着组成物质组分的约化, 组分间相互作用的规律一般也会简化。在这个意义上, 相互作用也是还原的。是否可以从组分间的相互作用推导出物质的性质是个有趣的话题, 我们将在后面章节讨论。这个相互作用的还原使得物理经历了三次统一:

(1) 在经典力学框架下的天地统一 (以牛顿为代表)。支配地面物体和天体的力学规律是一样的。

(2) 经典场论框架下的电、磁、光的统一 (以麦克斯韦为代表)。自然界复杂的相互作用, 除了引力外, 大部分都可以归结为电磁相互作用。原来截然分开的光学现象、电现象、磁现象都对应于电磁场的行为。在此框架下, 源和场本质上还是不同的: 电荷、电流被当作源, 电磁场被当作场。

(3) 量子场论框架下的电磁、弱和强相互作用的统一 (以默里 · 盖尔曼[⑥]、谢尔登 · 李 · 格拉肖[⑦]等为代表)。除了电磁, 还

---

⑤我曾在 2002 年利用质子中的底夸克 (b) 和胶子 (g) 成分, 精确预言了顶夸克 (t) 和带电规范玻色子 (W) 联合产生的发生概率 (Zhu S. Next-to-Leading Order QCD Corrections to bg → tW^- at the CERN Large Hadron Collider. Phys. Lett. B, 2002, 524: 283)。20 年后, ATLAS 和 CMS 实验组证实了预言 (ATLAS-CONF-2022-030 和 CMS-PAS-TOP-21-010)。

⑥默里 · 盖尔曼 (Murray Gell-Mann, 1929—2019), 美国物理学家, 提出了夸克模型, 并因此获得了 1969 年诺贝尔物理学奖。

⑦谢尔登 · 李 · 格拉肖 (Sheldon Lee Glashow, 1932—　), 1979 年与史蒂文 · 温伯格 (Steven Weinberg, 1933—2021)、阿卜杜勒 · 萨拉姆 (Abdus Salam, 1926—1996) 因电弱统一模型共同获得诺贝尔物理学奖。

增加了弱作用和强作用[⑧]。在此框架下, 没有源和场之分, 所有基本组分都是量子场。

在第三次统一后, 所有人类观测到的现象和规律都可以归于基本组分间的四种基本相互作用: 电磁、弱、强以及引力相互作用。

标准模型

到目前为止, 基本组分与基本相互作用的描述分成两大块: 粒子物理标准模型 (见图 7.1) 是对强、弱和电磁相互作用的描述, 广义相对论是对引力的描述。

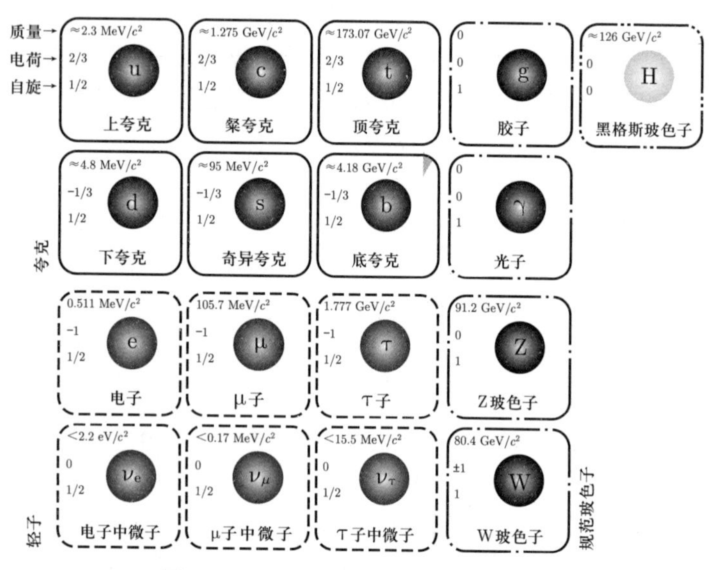

图 7.1　粒子物理标准模型的基本粒子

还原论的终结?

还原论是从简化的角度来认识世界。过去的历史表明, 这种

⑧准确地讲, 由于引入额外的黑格斯场, 它还伴随着其他类型的相互作用。

方法极具生命力, 但它发展到今天, 也面临诸多挑战。

当人们研究基本单元的性质时, 无论是元素, 还是质子、中子、电子和夸克, 都满足量子的规则, 而非日常的经典规律。在人们得到标准模型时, 需要输入的自由参数也达 20 多个。这些还符合还原论简化的初衷吗? 更为关键的是, 对这些基本单元满足的量子规则, 人类尚没有理解其本质。

理解这些新的量子规则为什么困难? 可以用爱因斯坦对其的批评来说明困难所在。爱因斯坦在 1935 年曾经把量子论预言的特定状态, 即现在术语中的纠缠态, 称为具有鬼魅般的行为。所谓纠缠态, 就是人们通俗地说的 “薛定谔的猫态”。在宏观上这种非死非生、既死又生的状态是不可理解的, 但在微观上却被实验证实。作为类比, 一般人们认为理解了汽车的各个组成部件就理解了汽车的所有功能。但对于 “猫态” 汽车, 整体功能并不是拆成各部件功能的组合。如果我们对一个量子态依然采用还原论的办法, 那么不同于经典的量子规则反映出的本质又是什么?

还原论与整体论

历史已经表明, 还原论思路在对众多现象的理解和实际应用中非常有用, 但是原则上它不见得适用于全部情形。历史上很多人都曾尖锐地批评过还原论, 而更倾向于用整体论的角度理解世界。

用还原论方法得到的规律不见得代表人类认识世界的全部。比如对于生命体, 从还原论的角度, 它可能是一些有机物和无机物的集合, 但这些物质随意放在一起显然很难构成生命体。而把一个生命体当成一个复杂的整体进行研究, 其实并不容易。借助还原论无疑是一个现实的途径, 因为它提供了研究整体的一个抓手, 只不过不要局限于过去使用的还原论。

人们使用还原论, 可以用单个粒子来描述两个粒子的纠缠态, 但要接受纠缠态表现出的 “诡异” 量子行为。如果人们用还原论研究生命体, 未来可能会发现更加“诡异”的规律。如何理解以纠缠态为代表的量子行为? 未来生命体可能更加“诡异”的规律需要在什么指导性的原理下去理解?

下面的部分将论述共识在过去 (基于还原论) 的物理学基本原理上的体现。我们试图说明, 共识应该继续是物理学发展的一个指导原理, 同样也会是使用还原论的普遍指导原则。

第三部分　物理学的基本原理

第八章　共识与物理学基本原理

人类通过理论化来理解世界时一般会遵循一般的原理 (原则)。物理学也不例外, 它通过一些基本原理来理解世界丰富的现象。对基本原理逐步深入的理解是物理学发展的基本特征。所谓科学革命, 一般来讲即对应着基本原理的变化。

本书前面两部分集中讨论了共识在解释社会现象以及物理 (科学) 时具有的几个特征, 它们使得人们可以更高效地达成共识。第三部分将讨论共识在物理学基本原理中的体现。

在爱因斯坦之前, 人们确实没有意识到相对性原理在构造物理学理论方面的巨大威力①。特别是在相对性原理的指导下, 爱因斯坦几乎独力发现了广义相对论。狭义相对性原理只是对称性的一个特殊的例子。对称性是 20 世纪物理学发展的基石之一, 它不但与物理守恒定律关系密切, 甚至基本相互作用形式也可以用对称性决定。相对性原理和对称性体现的是共识的第一种类型。

共识的第二种类型体现在系综理论。系综理论提供了对于热力学基本规律的深刻理解。在还原论基础之上, 除了决定组分的规律之外, 系综理论还需要引入额外的独立原理, 也就是如何处理相同整体性质下的不同微观状态的关系。系综理论同时也告诉人们, 对于每个微观状态即使有能力进行观测, 它对于得到系统整体性质而言也是不完备的。人们把系综理论的思路用到物理个体的行为, 即路径积分, 恰恰就可以理解个体的量子行为。据此我们得出, 根本没有量子测量问题。所谓量子测量问题只是传统上对于测量的不恰当理解。把共识作为物理学的基础

---

①我对于相对性原理巨大威力的疑惑和理解是从讲授狭义相对论开始的。

去理解当下的物理学原理, 我们不但有很多新的发现、新的理解, 而且对物理学未来的发展也有了新的思路。

从客观主义的角度来看, 这或许有点奇怪: 物理学规律本质上是不依赖于每个具体人 (的观测) 的, 物理学基本原理怎么会是共识的体现? 规律的客观性何在? 然而从共识主义的角度看, 物理学的基本原理都是共识的具体体现。规律的客观性可以体现在不依赖于每次具体观测 (第一种类型共识), 也可以体现在多次观测 (第二种类型共识) 基础之上。共识体现在物理学原理上, 不仅不奇怪, 而且很自然!

当研究对象越来越远离日常经验, 共识作为约束[②]扮演了普适的指导原则! 当人类认识世界时, 不管出于何种原因, 都可能会偏离其本来的性质。而共识作为纠偏的手段之一, 可以让人类的认识重回正轨。据此, 我们可以理解共识体现在物理学基本原理上的根本原因, 以及作为一种科学方法的重要性。

[②]就像在量子场论里, 当不合理的发散出现时, 为了得到有实际意义的结果就要进行重整化。当要求物理观测量与人为的重整化标度无关时, 人们会导出重整化群方程。重整化群方程可以用来理解强相互作用的渐近自由性质, 即距离越近, 相互作用强度越弱。

第九章　相对性原理

相对性原理是共识的具体体现之一。相对性原理要求所有人 (观测者) 得到的物理规律必须相同。这里所谓的观测者, 在物理上等价于对某物理系统的观测, 与人的意识之类的没有直接关系。需要指出, 不同观测者得到的观测量往往不同, 但观测量之间的关系 (即物理规律) 是相同的。它会严格约束物理学理论的具体表达形式。爱因斯坦之前, 人们并没有充分意识到, 这么自然而简单的约束在构建物理学理论时竟会起到如此大的约束作用。

为什么相对性原理是如此显然和自然, 与此相反, 相对论时空观却让人感觉十分 “惊奇”? 这种差异主要来自光速不变这个被实验验证的事实。相对论的 “怪异” 的根源是光速不变与人们熟悉的在低速下的速度叠加原理相悖。这个速度叠加原理来自人们对低速运动时的时间和空间的直接经验。这再次证明人们的直接经验不能完全相信, 根据直接经验产生的理论化概念具有不可靠性。具有讽刺意味的是, 人们对于世界的 “真正” 理解, 一般是建立在直接经验之上。

行走的船与伽利略相对性原理

作为共识在物理学原理上的最明显的体现之一, 我们愿意把相对性原理第一次①具体应用归功于伽利略的研究。虽然他本人并没有用到共识这个词, 甚至没有意识到共识的重要性。

---

①当然类似的思想早期也有, 比如哥白尼原理 (Copernican principle)。它是物理学和哲学的一条基本法则, 即没有一个观测者有特别的位置。这条基本法则是以文艺复兴时代提出 “日心说” 的波兰天文学家哥白尼来命名的。

伽利略观测到一个现象, 在匀速运动和静止情形的船上做的力学实验, 与船的运动状态无关。这个观测被伽利略总结为惯性定律, 即运动状态在没有外力作用下会保持不变。通过对比不同观测者来理解惯性, 这是伽利略实验的根本意义。这个观测事实也被推广为伽利略相对性原理, 即任何惯性系的力学规律都是相同的[②]。

静止状态的规律用惯性定律来描述, 人们自然会问: 运动状态在什么情况下会改变呢? 这是牛顿第二定律所要回答的问题。

牛顿绝对时空

在包括伽利略在内的众多研究基础之上, 牛顿总结了力学的三定律。不仅如此, 牛顿还提出绝对时空的概念, 即时间与空间是绝对的, 它们是相互独立的。不同惯性系的观测者会得到相同的牛顿三定律, 即满足伽利略相对性原理。不仅如此, 利用万有引力定律, 牛顿还可以解释并预测天体运动。从共识理论的角度看, 天上和地上的物理规律可以进行比较并且是相同的。正是这种颠覆前人的认识, 使得牛顿成为第一次科学革命的代表性人物。

狭义相对性原理

爱因斯坦深入研究了麦克斯韦等发展出的电磁理论, 从不同惯性观测者相比较的角度出发, 他注意到绝对时空不能够同时适用力学规律和电磁理论, 即发现了两类理论存在着根本的矛盾。在 1905 年的划时代论文[③]里, 爱因斯坦提出了狭义相对论, 即在任意惯性系里所有物理规律都应该是相同的。这是他的狭义相对论的两个基本公理之一。另一个公理是光速在任意惯性系中不变, 与光源的运动状态无关。当然, 如果假设麦克斯韦

② 相对性原理与力学里熟知的相对位置、相对速度的内涵是不完全一样的。

③ Einstein A. Zur Elektrodynamik bewegter Körper (On the Electrodynamics of Moving Bodies). Annalen der Physik, 1905, 10: 891.

理论在任意惯性系中都成立, 仅从理论角度也可以得到光速在任意惯性系中都是相同的。

电磁理论满足狭义相对性原理, 即针对不同惯性观测者而言的基本原理。这个原理可以分成两条来表述: 第一, 不同观测者对于相同物理量的测量值之间满足确定的关系, 即洛伦兹[4]变换[5]。第二, 不同物理量之间的关系, 即物理规律, 是不变的。这两条是相对性原理准确含义的具体表述。

原来的力学规律不满足狭义相对性原理, 需要修改[6], 特别是需要改变人们对于能量和动量的理解[7], 最著名的被修改的可能就是质能关系。它是核能的理论基础, 解释了太阳和天然放射性的能量来源, 直接促使了人类把核能作为能源, 并发明了核武器。

闵氏时空

狭义相对论的成功表明, 时间和空间这两个抽象概念之间是一体的, 而非相互独立的。时间与空间一体, 构成狭义相对论时空, 专业名词称为闵可夫斯基[8]时空 (简称闵氏时空)。而牛顿绝对时间和空间只在低速下近似成立[9]。

广义相对性原理

爱因斯坦在发明狭义相对论之后, 很快意识到它需要拓展[10],

[4]亨德里克 · 安东 · 洛伦兹 (Hendrik Antoon Lorentz, 1853—1928)。荷兰理论物理学家、数学家, 经典电子论的创立者。

[5]在数学上, 洛伦兹变换对应 SO(1, 3) 对称性。

[6]原则上, 人们可以选择力学规律和电磁规律分别满足伽利略相对性原理和狭义相对性原理。显然, 这与世界是一个统一整体的观念相悖。

[7]这个理解是从三维空间加时间的绝对时空到四维狭义相对论时空的改变。原来三维的动量加能量转变为四维的能动量。在低速近似下, 四维能动量可以转化为三维的动量加能量。

[8]赫尔曼 · 闵可夫斯基 (Hermann Minkowski, 1864—1909), 德国数学家。

[9]可能初学者会看轻牛顿提出绝对时空的意义。事实上, 物理学发展到 17 世纪, 绝对时空的提出是当时理解牛顿力学规律最好的选择。

[10]至少牛顿万有引力需要相对论化。

因为它只适用于惯性系。能否要求对所有观测者,包括非惯性系观测者,物理规律也是相同的? 这个所谓的广义相对性原理其实也是基于共识概念的,从共识理论来看是非常自然的要求。

广义相对论[11]实质上是一个引力理论,它是牛顿万有引力的相对论化。得到广义相对论的道路是曲折的,其中比较关键的一步是电梯思想实验,它展示的是所谓的等效原理。人在失重状态下,即加速下坠时,与没有引力是不可区分的。除此之外,为了实现这个相对性原理的想法,爱因斯坦借助了黎曼的非欧几里得几何,即对欧几里得几何的数学拓展。在此基础上,他写出了引力与能动量的关系,即所谓爱因斯坦引力场方程。

弯曲时空

如果狭义相对论时空带来的是时空是一体的,那么广义相对论带来了对于时空性质的再一次修正。如果要求所有观测者观测到的规律都是一样的,平直的时空不能满足要求,而只能是弯曲的时空。在忽略引力的情形下,弯曲时空回到狭义相对论时空。不难看出,共识的约束导致了时空概念的修正,虽然这种弯曲时空可能看似诡异[12]。值得注意的是,在爱因斯坦得到广义相对论的动机中,实验并没有起到很重要的作用,其主要的驱动其实是广义相对性原理。爱因斯坦曾评价道,只靠观测和经验,无法想象如何发现广义相对论。从共识理论的角度看,共识这个核心概念作为普遍的原则,对理论的产生起到了指导作用。

对于实验来讲,广义相对论是大大超前的。广义相对论的预言得到了后续实验的精确检验,被证明可以正确描述各种引力现象[13],也逐渐被广泛接受。值得指出的是,历史上曾经对相对论进行了多次激烈批评,批评的主要原因之一是它对于 (传统自下而上的) 科学方法的破坏。

---

[11] Einstein A. Die Feldgleichungen der Gravitation (The Field Equations of Gravitation). Sitzungsber. Preuss. Akad. Wiss. Berlin, 1915: 844.

[12] 弯曲时空的一个可能后果是破坏因果性,这表明广义相对论的引力理论可能还需要进一步拓展。

[13] 比如 2015 年引力波的第一次发现被认为检验了广义相对论的预言。

第十章 对称性

对称性[1]本质上是对比, 对不同观测者的对比。上一章相对性原理是针对不同时空观测者测量的对比。用对称性语言来描述, 狭义相对论对应的是洛伦兹对称性。20 世纪, 基础物理学发展的基石之一是对称性。除了时空对称性, 物理规律还存在非时空对称性, 即所谓内部对称性。这些严格对称性可以看作共识这个 "看不见的手" 的具体体现。

时间平移对称性

人们要求物理规律在昨天、今天和明天是相同的, 至少在不长的时间尺度上, 这是个自然的要求。这个要求就是时间的平移对称性。对称性可以用对称性操作描述, 时间平移对称性体现在时间平移操作, 即昨天平移到今天或者明天。值得强调的是, 物理规律若在这种时间平移操作后不变, 我们就称物理规律具有时间平移对称性。

恩格斯评价 19 世纪科学的三大发现时, 对于能量守恒定律给予了很高评价。这是在实验观测之上总结的规律。用对称性语言, 能量在时间平移下具有不变性。

在诺特定理发现之前, 人们没有意识到能量守恒与物理规律在时间平移下不变之间有什么联系。

守恒量与对称性: 诺特定理

守恒量与对称性的关系是由艾米 · 诺特[2]在 20 世纪初揭示

---

[1]描述对称性的数学语言是群论。它由埃瓦里斯特 · 伽罗瓦 (Évariste Galois, 1811—1832) 开创。群概念在 1870 年左右形成并牢固建立。

[2]艾米 · 诺特 (Emmy Noether, 1882—1935), 德国数学家。在物理学方面, 诺特定理揭示了对称性和守恒定律之间的联系。

的[3]。诺特定理就是以她的名字来命名的定理。诺特定理揭示了对称性和守恒定律之间的根本联系。能量守恒对应着物理规律的时间平移不变性。实验总结的动量守恒定律对应着空间平移不变性,角动量守恒定律对应着三维空间转动不变性。

狭义相对论时空对称性与自旋

上面的讨论表明了守恒量与对称性, 特别是时空对称性的关系。狭义相对论把时间和空间看成一体的, 上面提到的对称性只是狭义相对论对称性[4] 的一部分, 是它的特殊情形。狭义相对性原理要求的不同惯性系观测者其实等价于四维时空的转动, 相当于对三维空间转动的扩充。从这个意义上, 狭义相对性原理只是对称性的一个特殊的情形 —— 洛伦兹对称性。

从对称性角度来看, 除了上面说的能量、动量和角动量, 狭义相对论还要求粒子存在自旋自由度。自旋这个自由度的最初提出仅仅是为了解释当时的光谱实验 (自下而上), 并不理解其来源[5]。但从洛伦兹对称性的角度看, 它的出现是不可避免的[6]。

[3] Noether E. Invariant Variation Problems. Theory Statist. Phys., 1971, 1: 186. 译自诺特 1918 年的德文文献。

[4] 上一章讨论的洛伦兹变换只是时空转动, 对应洛伦兹群。狭义相对论对称性还包括时空的平移对称性, 对应庞加莱群。朱尔 · 亨利 · 庞加莱 (Jules Henri Poincaré, 1854—1912) 是法国数学家。

[5] 自旋的发现, 首先出现在碱金属元素的发射光谱研究中。沃尔夫冈 · 恩斯特 · 泡利 (Wolfgang Ernst Pauli, 1900—1958, 美国物理学家, 1945 年因"不相容原理" 获诺贝尔物理学奖) 首先于 1924 年引入 "双值量子自由度", 与最外壳层的电子有关。拉尔夫 · 克勒尼希 (Ralph Kronig, 1904—1995) 于 1925 年初提出它是由电子的自转产生的。当泡利听到这个想法时, 予以严厉的批驳。他指出为了产生足够的角动量, 电子的假想表面必须以超光速运动, 这将违反狭义相对论。很大程度上由于泡利的批评, 克勒尼希决定不发表他的想法。当年秋天, 两个年轻的荷兰物理学家产生了同样的想法, 乔治 · 乌伦贝克 (George Uhlenbeck, 1900—1988) 和塞缪尔 · 古德斯米特 (Samuel Goudsmit, 1902—1978) 在保罗 · 埃伦菲斯特 (Paul Ehrenfest, 1880—1933) 的建议下, 以一篇短文发表了他们的结果。

[6] 洛伦兹对称性 SO(1, 3) 同态于 SU(2) × SU(2), 其中一个 SU(2) 对应于自旋, 另一个 SU(2) 同态于 SO(3), 对应着角动量。

毕竟三维空间转动不变性对应着角动量守恒, 将三维空间转动扩充到四维转动不变性, 相应的角动量也需要进行相应的扩充。这就不难理解当年保罗 · 狄拉克[7]试图写出相对论性的电子方程时, 自旋会自动出现。

电荷守恒与内部对称性

除了上面的守恒定律, 电荷守恒也是一个实验规律。按照诺特定理, 它一定对应着对称性。这个对称性只在量子论出现后才能找到根源。描述荷电粒子的量子场 (如电子) 是复数, 对应的相位选取具有对称性, 即变化相位并不改变物理规律。这个对称性其实与时空对称性类似, 只不过是对应相位。人们类比时空, 把这种对称性叫作内部对称性。其实这个叫法也可以理解为非时空对称性。如果从理论化的角度, 时间、空间与相位并无本质区别, 都是为了描述世界抽象出来的概念。但从人的直接经验来看, 区分时空和相位内部空间是有意义的。人可以用感官直接感知时空的存在, 但不能直接感知内部空间的存在。后者只有通过间接感知, 即抽象感知, 才能得到它存在的证据。证据包括电荷守恒, 以及观测粒子的量子行为。这一点后面会仔细讨论。

定域规范对称性与相互作用

如果上述相位变化在每个时空点上都是独立的, 即相位改变在每一个时空点都不同, 就称为存在定域规范对称性。为了保证在这类定域规范对称操作下物理规律相同, 就必须引入新的相位补偿场, 即规范场。电荷守恒对应的对称性引入的规范场就是大家熟知的电磁场。这种由定域对称性决定相互作用的形式是由赫尔曼 · 外尔[8]于 1928—1929 年引入的[9]。

---

[7]保罗 · 狄拉克 (Paul Dirac, 1902—1984), 英国理论物理学家, 量子力学的奠基者之一, 并对量子电动力学早期的发展做出重要贡献。1933 年, 他与海森堡和薛定谔共同获得诺贝尔物理学奖。

[8]赫尔曼 · 外尔 (Hermann Weyl, 1885—1955), 德国数学家、物理学家。

[9]Weyl H. The Theory of Groups and Quantum Mechanics. Dover Publications, 1950.

规范场与标准模型

1954 年杨振宁[10]和罗伯特 · 米尔斯 (Robert Mills) 把电磁情形进行了理论拓展, 并引入了新的规范场, 叫作杨 – 米尔斯[11]规范场。今天粒子物理标准模型就是建立在杨 – 米尔斯场基础之上, 只不过引入了更多的规范对称性和相应的规范场。按照标准模型, 描述强、弱和电磁相互作用的内部对称性是 SU(3)[12] ×SU(2)[13] × U(1)[14], 相互作用场和形式就是其决定的, 当然存在若干对称性允许的自由参数。我们在此不打算介绍上述符号的确切含义, 而想通过类比时空对称性的洛伦兹群来说明。

4 维 + 6 维 = 10 维

从对称性描述角度看, 洛伦兹群和规范对称群是类似的。它们描述的物理对象一个是时空, 一个是相位空间。从量子场论的观点看, 物理对象量子场既是时空的函数, 也是相位的函数。如果说时空对应的是 4 维时空, 那么相位对应的就是 6 维[15]内部"空间"。当然这个"空间"不是空间本来的意思, 而是抽象的, 也可以粗略地看作自由度数。现在大量高能实验已经确立, 标准模型描述的内部空间是 6 维。加上洛伦兹对称性的 4 维, 我们身处在 10 维世界。需要注意的是, 这个 10 维并非常说的 10 维时空, 而是 4 维时空加 6 维内部抽象空间。

---

[10] 杨振宁 (1922—), 理论物理学家, 1957 年与李政道一起因宇称对称性破坏的研究获得诺贝尔物理学奖。

[11] 杨振宁与米尔斯引入规范场的目的之一是想统一描述质子和中子参与的强作用。

[12] Fritzsch H, Gell-Mann M, Leutwyler H. Advantages of the Color Octet Gluon Picture. Phys. Lett., 1973, 47B(4): 365.

[13] Yang C N, Mills R. Conservation of Isotopic Spin and Isotopic Gauge Invariance. Phys. Rev., 1954, 96(1): 191.

[14] Glashow S. Partial-Symmetries of Weak Interactions. Nucl. Phys., 1961, 22(4): 579.

[15] 这个维度指的是对称群的基础表示维数。

这个 6 维空间的存在, 可以解释量子出现的根源。就像光速不变预示 4 维时空, 微观粒子的量子行为预示存在着额外的 6 维内部抽象空间。我们将在量子论里再继续讨论这个话题。实际上, 我们已经默认把相对性原理推广到 6 维相位内部空间, 即 4 维洛伦兹对称性体现为狭义相对性原理[16], 而 6 维规范对称性体现为规范相对性原理。

10 维时空与弦理论

为了理解上述的 4 维时空加 6 维内部空间与 10 维时空的区别, 我们回顾一下 10 维时空与弦理论的关系。

有人认为约翰 · 施瓦兹 (John Schwartz) 于 1972 年最早[17]发现了 10 维时空的存在。他分析了一个特殊的描述强作用的模型, 发现不出现鬼态 (ghost), 即破坏因果性的非物理态的临界时空维度是 10。另一个有趣的现象是弦理论研究, 也发现 10 维是个特殊的数字。弦理论发展历经几十年, 从试图描述强相互作用起步, 后让位于量子色动力学, 转而去描述量子引力。一开始提出的玻色弦理论其实不自洽, 即会出现鬼态, 所以并不是一个好的选择。人们被迫引入超对称, 即玻色子和费米子的对称性。在超对称弦理论里鬼态可以被消除, 这种自洽理论的时空维度也从玻色弦的 26 维变成 10 维。有趣的是, 自洽的超对称弦理论可以有 5 类, 都存在于 10 维。后来的研究发现这 5 类弦理论在对偶变换下是等价的, 所以人们猜测可能还存在一个额外的维度, 10 维变成 11 维。当然, 到今天为止, 人们尚没有发现存在于 11 维的满意理论。

按照弦理论的观点, 为了描述现实, 额外的时空维度需要紧致化, 从而从高维度降到 4 维。过去的研究表明, 这种紧致化的方案的数目是海量的, 以至于它的预言性受到广泛的怀疑。与此不同, 相位内部空间的 6 维是不需要紧致化的, 因为它不是时空

[16]广义相对性原理也是针对 4 维时空。

[17]Schwarz J. Physical States and Pomeron Poles in the Dual Pion Model. Nucl. Phys. B, 1972, 46(1): 61.

维度的拓展, 而是现实存在的。它的存在性一是表现为相关的守恒律, 比如电荷守恒, 二是表现为物理系统的量子行为。我们将在后面的章节仔细讨论。

严格与近似对称性

在上两节中, 我们讨论了自然界 10 维的严格对称性。事实上, 自然界也有大量近似对称性。所谓近似对称性, 就是物理理论中忽略某些因素, 理论一般表现出更大的对称性[18]。如何理解这一类近似对称性? 能否把这一类近似对称性也理解为存在额外的维度?

近似对称性首先是一个物理分析工具。某些物理可观测量大小与对称性近似程度往往有关系, 通过对称性分析可以加深对于背后物理原因的理解。然而, 多年的理论尝试表明, 表征对称性近似程度的物理参数尚没有得到满意的理解。在粒子理论研究中, 所谓自然性问题、规范等级问题、味物理等都属于这一类。要知道, 这些问题曾经一度成为理论研究的根本动机之一。

综上, 表征对称性近似程度的参数最好看成需要实验测量的参数 (类似规范相互作用的耦合参数), 而不必引入额外的维度 (对称性)。当某对称性是被破坏的时, 引入额外的维度是不合适的, 没有意义。

实际上, 只有存在严格对称性时, 引入额外维度才不仅是一种方便的描述方法, 更是符合实际的选择。从共识理论来看, 严格对称性与近似对称性有本质的不同。

重子数和轻子数守恒: 还有额外的维度?

类似电荷守恒, 实验还发现了严格的重子数和轻子数守恒定律[19], 其对应的对称性来自相应的夸克场与轻子场的相位。当

[18] 有人把这个要求当作判断理论是否自然的判据。

[19] 实验上至少没有发现重子数 (B) 和轻子数 (L) 被破坏的迹象。这些实验对于理解氢原子的稳定性至关重要: 组成氢原子的质子和电子的重子数分别为 1、0, 轻子数分别为 0、1。

然, 它们的相位变化并不是定域的, 所以不存在相应的规范场[20]。作为目前的实验支持的看似严格的对称性[21], 是否它们也对应额外的维度[22]? 这尚需进一步的理论和实验研究。

隐藏的对称性: 黑格斯机制

对称性有时候并不会明显表达出来, 需要人们分析现象, 推测背后隐藏的对称性。在粒子物理标准模型中, 因为黑格斯场的存在, 它的场构型的特定选择[23]会使得严格的规范对称性不是明显表现出来, 而是被隐藏起来。表面看来, 对称性被破坏了。比如, 规范场的质量破坏对称性, 在这种隐藏对称性的情形下, 规范场可以具有质量。这一类现象一般称为对称性自发破缺, 规范场得到质量的这种机制被称为黑格斯机制。

说到对称性是明显的还是隐藏的这个话题, 其实也可以从共识理论的角度来理解。如果对称性本质上是严格的, 但是表观看起来又是破坏的, 那么共识理论就要求存在一个对称性自发破缺的机制。在自然界里, 低能强作用的夸克凝聚和电弱作用的黑格斯机制都属于这一类型: 强作用的对称性 SU(3) 和电弱作用的对称性 SU(2) × U(1) 都是严格的, 但观测现象表现为对称性破缺, 比如规范玻色子是有质量的。

回到本书的序言中提到的因黑格斯粒子存在与否导致的理论困惑。在通常的自然性要求视角下, 存在黑格斯场会带来理论的困惑。但在共识理论下, 黑格斯机制出现是自然的, 也是必要的, 黑格斯粒子的存在当然也是顺理成章的事情了。

---

[20]这也来自实验观测的限制。

[21]一些研究表明, 单独的重子数和轻子数会被场的 sphaleron 效应破坏, 而 B-L 的对称性可以保持。

[22]一般认为广域连续对称性会被引力破坏, 所以非规范对称性都不是严格的, 是否能够引入额外的维度与引力的性质也有关系。

[23]对应着物理系统真空的选择。

宇称破坏与共识理论

上述近似对称性本质上对应着对称性破坏, 如何理解对称性破坏? 下面我们以镜像对称性的破坏为例进行说明。

1956 年, 李政道㉔与杨振宁对微观粒子的宇称 (镜像对称性) 进行了详细的理论研究, 发现当时的实验只是证实了在强作用和电磁作用下宇称是守恒的, 而弱作用并没有得到实验的检验。随后包括吴健雄㉕等的实验证实, 宇称竟然在弱作用中确实被破坏了! 这在当时引起了大家的震惊。之所以会震惊是因为它与人们认为镜像世界是真实的偏见㉖有关, 如在刘易斯 · 卡罗尔㉗所著的《爱丽丝梦游仙境》和《爱丽丝镜中奇遇记》中展现的想象世界。

到目前为止, 经过半个多世纪的探索, 人们并不清楚为什么宇称仅在弱作用中是不守恒的。换句话说, 人们并不知道为什么宇称在强作用和电磁作用中守恒, 单单在弱作用中被破坏。不过, 从共识理论的角度看, 镜像对称性守恒与不守恒, 其实都不奇怪。原因很简单, 镜像世界不见得就是真实世界, 这是需要靠实验来回答的。先验的假设镜像世界就对应真实世界, 即宇称守恒, 只是人们的偏见。

㉔李政道 (1926—), 物理学家, 1957 年因宇称不守恒的工作与杨振宁一起获得诺贝尔物理学奖。

㉕吴健雄 (1912—1997), 实验物理学家。

㉖在李政道、杨振宁 1956 年的经典论文里已经讨论宇称恢复的可能性了。

㉗刘易斯 · 卡罗尔 (Lewis Carroll, 1832—1898), 原名查尔斯 · 路特维奇 · 道奇森 (Charles Lutwidge Dodgson), 英国数学家、逻辑学家、童话作家、牧师、摄影师。

第十一章　系综

相对性原理和对称性是第一种类型共识的体现, 下面我们开始讨论第二种类型共识在物理学原理上的具体体现 —— 系综。

系综是目前理解热力学规律最深刻的原理。

在还原论的框架下, 物理系统假设是由众多原子或者其他基本组成单元组成的。为了叙述的简洁, 我们把基本组成单元称为粒子。系综就是满足一定整体约束的所有可能粒子微观状态的集合。系综理论需要引入额外的基本公理 (假设), 它独立于物理系统粒子需要遵从的规律。只有引入这些公理, 系综才能提供把组成粒子的性质与物理系统的整体性质联系起来的途径。一个多世纪的研究表明, 系综理论在解释热力学规律方面取得了巨大的成功。

为什么系综是第二种类型共识的具体体现呢? 这是因为, 只知道一种具体的微观组态不能够确定物理系统的所有整体性质, 只有考虑了所有可能的微观组态之后, 才能确定物理系统的所有整体性质。

热学现象与热力学规律

自然界有众多有关冷热的现象, 对提高蒸汽机效率的追求, 促使人们研究热的本质和规律。到 19 世纪末系综理论正式提出之前, 人们总结丰富多样的热力学现象, 归纳出热力学几大规律: 热力学第零、第一和第二定律[①]。

热力学第零定律又叫作平衡态定律: 观测表明, 物理系统在经过足够长时间后, 其宏观性质一般不再变化, 称为达到了平衡

①热力学第三定律是 20 世纪对于趋近绝对零度热学现象总结出的定律。

态[②]。第零定律是温度定义的基础, 它是表征物理性质的参数。

热力学第一定律本质上是能量守恒定律。这条定律表明, 各种形式的能量可以相互转化, 但总量保持不变。这条定律是 19 世纪重大的发现之一, 它否定了人类最初追求第一类永动机的渴望。

热力学第二定律又称熵定律。这条定律表明, 热能 100% 转化为 "有用功" 是不可能的, 热力学过程必然会导致 "浪费" 一些能量。第二定律事实上否定了人们追求把热能全部转化为有用功的渴望, 即第二类永动机。本质上, 第二定律描述了热力学发生过程的方向。比如 1 杯热水混合 1 杯冷水必然产生 2 杯温水, 而 2 杯温水不可能自动分化为 1 杯热水和 1 杯冷水, 虽然后者并不违背能量守恒定律。为什么热力学系统只能朝一个方向发展? 如何表征热力学系统决定发展方向的状态参量? 19 世纪熵概念[③]被提出, 用来描述热力学过程发生的方向性。但熵的本质是什么?

世界是由原子组成的: 统计力学

如何理解在 19 世纪总结出的上述热力学定律? 经过多人多方面的长期努力, 人们最终发展出一门专门的学问, 叫作统计力学。当然统计力学发展到今天, 已经不局限于热现象的研究, 而拓展为处理大量自由度系统的一门学问。

统计力学 (又叫统计物理学) 的基础是还原论, 即把物理系统看成由众多基本粒子组成。粒子可以是原子、分子, 也可以是其他。统计力学对粒子间满足的相互作用没有特殊的要求, 除非相互作用导致粒子这个概念失效。统计力学就是一门研究由大量粒子组成的物理系统的规律的学问。

统计力学研究工作起始于气体分子运动论 (见图 11.1), 克

② 其实这看似显然的现象并不简单。在 20 世纪对开放系统出现的耗散结构有了更深入的了解。

③ 熵的概念是由德国物理学家鲁道夫 · 尤利乌斯 · 埃马努埃尔 · 克劳修斯 (Rudolf Julius Emanuel Clausius, 1822—1888) 于 1865 年提出。

劳修斯、麦克斯韦和路德维希·爱德华·玻尔兹曼[④]等是这个理论的奠基人。1902 年, 约西亚·威拉德·吉布斯[⑤]在《统计力学的基本原理》中强调了系综的重要性, 并发展了多种系综理论。原则上, 除了知道组成物理系统的单个粒子性质, 还要知道满足约束条件的系综, 人们才可以计算出这个物理系统的所有热力学整体性质。

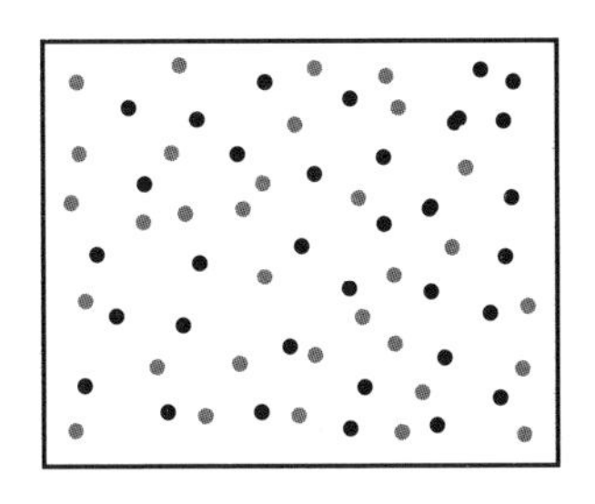

图 11.1　气体是由大量原子、分子组成的, 其中不同深浅的点代表不同种类的原子、分子。这是统计力学基于还原论的基本假设

微正则系综、微观状态数和熵

系综是满足一定约束条件的物理系统的集合。为了处理不同的物理系统, 人们发展了众多系综理论。本书目的是阐述系综与共识的关系, 所以下面仅讨论最简单的微正则系综。

对于最简单的平衡态系综, 微正则系综对应于孤立的物理系统, 它具有确定的总能量和组成粒子数目。对于这个物理系统, 虽然宏观整体能量和粒子数是确定的, 但是各粒子所处的微观状态可以不同, 一般来讲可能的微观状态数是非常庞大的。对于微正则系综理论, 为了从粒子的微观性质得到物理系统宏观的性质, 人们还需要引入独立的额外基本假设 —— 等概率原理,

[④]路德维希·爱德华·玻尔兹曼 (Ludwig Edward Boltzmann, 1844—1906), 奥地利物理学家、哲学家, 热力学和统计物理学的奠基人之一。

[⑤]约西亚·威拉德·吉布斯 (Josiah Willard Gibbs, 1839—1903), 美国物理化学家、数学物理学家。

即任何可能的微观状态都是等概率的。在此假设之上, 所有微观状态数可以加起来, 总状态数可以用来定义熵。这种通过状态数定义的熵被证明与热力学中引入的熵等价。

粒子间相互作用与共识

值得强调的是, 在物理系统中粒子间的相互作用是达成系统平衡的必要条件。之所以强调这一点, 是因为对于其他非物理系统, 相互作用可能是复杂的、形态多样的, 而共识是这种广义系统相互作用的基础。对于物理系统的粒子, 相互作用的普适性是默认的性质, 有可能会忽略它的共识本质。

多即不同

我们观测到的热力学过程是有方向的, 比如热水与凉水混合会变成温水, 而温水不会自动变成热水和凉水。这个观测到的方向性可以用熵增原理来描述, 而系综理论可以解释其原因: 温水对应的可能状态数远大于热水加冷水的可能状态数。当然这都需要等概率原理的额外假设。

从上面的例子, 我们看到物理系统的整体性质可以用组成系统的微观粒子来理解, 并可以进行定量计算。但是支配微观粒子的相互作用规律一般并没有时间方向性[6], 而物理系统整体却表现出时间单向性。正如菲利普 · 沃伦 · 安德森[7]所言: “多即不同” (more is different)。我们看到, 仅仅利用粒子的性质不能够解释整体不同的性质, 它还是引入等概率原理的后果。

等概率原理是第二种类型共识的具体体现

上面的例子表明, 仅粒子的性质不足以说明整体的性质。为

[6]在基本相互作用里, 弱作用可以破坏时间反演不变性。

[7]菲利普 · 沃伦 · 安德森 (Philip Warren Anderson, 1923—2020), 美国物理学家, 1977 年与内维尔 · 莫特 (Nevill Mott, 1905—1996) 和约翰 · 范扶累克 (John van Vleck, 1899—1980) 一起获得诺贝尔物理学奖。

了得到整体的性质, 必须额外假设等概率原理[8], 这是第二种类型共识的体现之一, 否则无法把多粒子各种可能的状态与整体性质联系到一起。

单次测量的不完备性

在系综理论里, 如何理解可能的微观状态? 人们可以把物理系统看成一个可能状态的虚拟集合, 系综只是计算物理系统整体性质的一个工具。

我们也可以换一个角度来看这个问题: 假设有强大的仪器可以测量所有粒子在某时刻的所有性质, 即物理系统的某个微观态可以完全被测量, 人们能否据此推算系统的所有性质? 事实上, 这种测量可以得出的往往是有限的整体性质, 比如某些守恒量。对于微正则系综对应的物理系统, 当人们能测量每个组元的能量时, 所有组元的能量加起来就对应总能量。当然也有不能得出的量, 比如熵。必须通过对大量相同的物理系统 (副本) 进行测量, 才会发现存在不同的微观状态, 把所有测量结果都结合在一起才能得到熵。这种视角其实默认了系综的所有可能的状态都是物理的, 现实中是可以存在的。至于每一个物理副本的状态具体是什么, 在测量前是不知道的, 最多知道某种状态存在的概率。

在微正则系综对应的物理系统里, 当我们引入等概率假设时, 其实就是假设我们对于物理系统所有粒子的每次测量都是不完备的, 而经过足够多次对于相同性质副本的所有测量才可能是完备的。这种不完备性也可以表现为另一种形式。对一个物理系统进行多次无扰动测量, 一次测量只能看到一个微观状态, 是不完备的。如果物理系统是各态历经的, 把多次测量的结果结合在一起也可能得出系统的所有微观状态。

---

[8] 对于其他常用的正则系综、巨正则系综等, 等概率原理会被相应的配分函数 (即确定概率与特定物理量的关系) 代替。从共识理论的角度看, 这与等概率原理没有本质上的差别, 区别只是组合不同微观状态的方式不同而已。

费曼路径积分

上述系综的思想, 能否应用于对单粒子量子行为的讨论? 答案是肯定的。费曼路径积分[9]其实就是应用系综思想得到概率幅。概率幅是复数, 它的大小对应概率。

举一个简单的例子, 按照给定的条件, 经典粒子可以从起点 (A) 运动到终点 (B)。在经典图像里, 这个运动路径是确定的, 一般也是唯一的。但在量子行为里, 人们只能期望得到从 A 运动到 B 的概率。实际上, 存在从 A 点到 B 点的粒子无穷多的可能路径, 它们都会贡献到从 A 点到 B 点的概率幅[10]。假设每一条可能路径对它的贡献都是等权重的。每一条路径的等权重是一个独立的额外假设。所有的路径加在一起构成从 A 点到 B 点的概率幅 (见图 11.2)。在经典极限下, 由于不同非经典路径间会有振幅相消, 所有路径中只有经典路径起主要作用。在此, 我们并不打算精确地写出路径积分的明显数学表达式, 但要说明的是, 这个路径积分方法被证明与埃尔温 · 薛定谔[11]和沃纳 · 卡尔 · 海森堡[12]的量子力学得到的概率幅是相同的。

费曼路径积分与其他量子行为描述的等价性说明, 可以用系综思想来描述粒子的量子特性。这是否也预示着, 与多自由度物理系统的系综一样, 对于微观粒子的单次测量也是不完备的, 是概率性的[13]? 如果回答是肯定的, 那么单个粒子的多自由度代表着什么? 毕竟经典轨道概念在量子论中是被放弃的。我们将

---

[9] Feynman R P. Space-Time Approach to Non-Relativistic Quantum Mechanics. Rev. Mod. Phys., 1948, 20(2): 367.

[10] 每一个可能路径对应的作用量 (action) 都等权重地贡献到概率幅的相位。所谓作用量可以理解为定义了特定的物理系统, 利用最小作用量原理就可以得到对应的物理规律, 具体来讲就是特定物理系统的运动方程。

[11] 埃尔温 · 薛定谔 (Erwin Schrödinger, 1887—1961), 奥地利物理学家, 量子力学的主要创始人之一。

[12] 沃纳 · 卡尔 · 海森堡 (Werner Karl Heisenberg, 1901—1976), 德国物理学家, 量子力学的主要创始人之一。

[13] 这是量子最不可理解的行为之一。

在下面量子论里专门讨论这个问题。

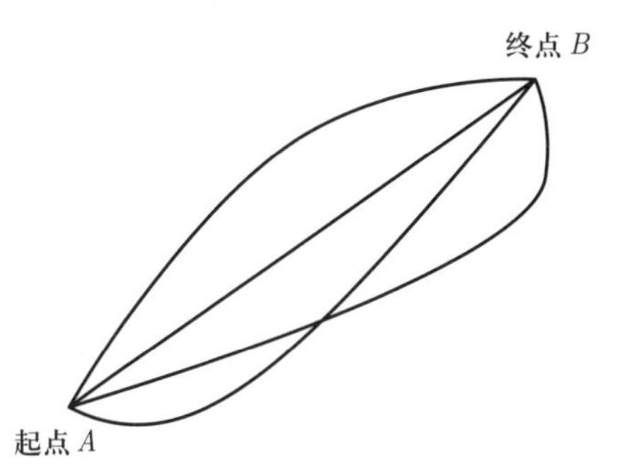

图 11.2　费曼路径积分示意图。从起点 A 到终点 B 的所有经典路径都是可能的, 而且是等权重地贡献到振幅

第十二章　量子论与规范相对性原理

本章我们将讨论量子论, 它是第二种类型共识的具体体现。

描述量子行为的量子论和相对论都经过了所有实验的检验, 说明它们是正确的, 至少从描述自然现象的角度来看。然而, 对这两个理论的理解却大相径庭。对于相对论, 因为它还是归于经典理论的持续发展, 理解起来相对容易。对于量子论的理解, 一般认为, 并没有形成 (第一种类型) 共识。或者极端地说, 没有人理解量子论。这种状况体现在爱因斯坦对于量子论的态度。他作为相对论的主要发现者之一, 一直对于量子论耿耿于怀。有趣的是, 他因为光电效应的光量子诠释获得了诺贝尔物理学奖。这种反差表明, 量子论与相对性原理, 至少是爱因斯坦理解的相对性原理, 存在巨大的理解上的矛盾。

其实, 随着量子规范场论发展到 20 世纪末期, 量子论与狭义相对论已经得到了令人满意的融合[①]。这似乎表明, 相对性原理和量子论并非水火不容。在本章, 我们将扩充相对性原理的内涵, 引入规范相对性原理。就像狭义相对性原理对应四维时空对称性, 规范相对性原理对应规范对称性, 作用于额外的 6 维内部抽象空间 (具体讨论见 "对称性" 一章)。就像系综理论所揭示的, 内部空间的存在对应着单粒子的多自由度, 也就是粒子量子行为的根源。当忽略内部空间的物理效应时, 量子论就回到经典极限。

在上述理解量子论的过程中, 第二种类型共识起到关键的作用, 即每一次具体的观测不需要给出相同的结果, 只有多次测量才能得到完整、确定 (可预测) 的物理规律。

---

①在 20 世纪中期, 人们对于量子场论能否描述实验观测还是充满怀疑的。

天然放射性

天然放射性衰变行为是典型的量子现象。在 19 世纪末, 人们开始注意到天然放射性[②]这一新奇的现象。历史经验告诉我们, 新现象往往也意味对世界的新理解。随着对放射性研究的深入, 发现其衰变行为满足指数律[③], 如图 12.1 所示。图中的指数衰减曲线代表的意思是: 一开始有 N_0 个铀原子, 在时间 t 后只剩下 N 个, 它们之间的关系为

$$N(t) = N_0 e^{-t/T},$$

其中 T 是铀的平均寿命, 它取决于铀的性质。事实上, 人们现在已经可以利用量子场论计算其平均寿命, 而且与实验测量符合。

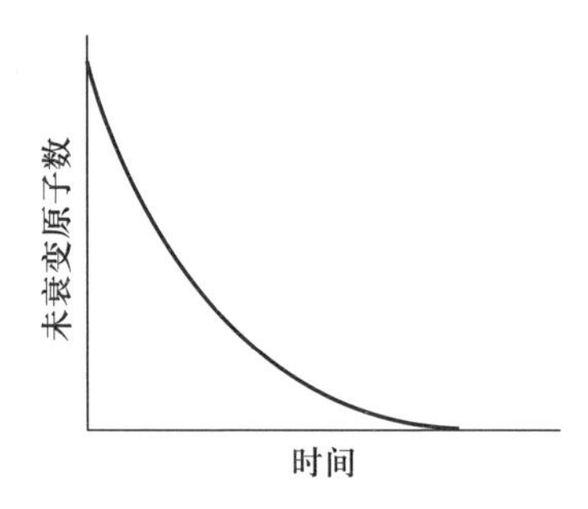

图 12.1 放射性元素的衰变行为。横坐标代表时间, 纵坐标代表没有衰变的残留原子数

这个衰变的指数律规律也许并不奇怪, 新奇的是, 人们发现某个具体的铀原子什么时候衰变并不能确定。铀原子虽会死亡, 但不会衰老, 即似乎没有衰老过程[④]! 更重要的是, 具体到某个

[②]天然放射性首先由法国物理学家安东尼 · 亨利 · 贝克勒尔 (Antoine Henri Becquerel, 1852—1908) 发现。他因发现天然放射性, 与皮埃尔 · 居里 (Pierre Curie, 1859—1906) 和玛丽 · 居里 (Marie Curie, 1867—1934) 夫妇 (因在放射学方面的深入研究和杰出贡献), 共同获得了 1903 年度诺贝尔物理学奖。

[③]这个指数律是拟合测量数据得到的。

[④]事实上, 衰老发生的典型时间尺度太短, 一般实验测不到。

铀原子, 衰变发生是随机的, 不可预测。而把多个铀原子的测量结合在一起, 才出现了指数律。或者说某个铀原子在某个时刻发生衰变, 我们只能给出发生的概率。这是以前没有出现过的量子现象, 也是物理系统同时具备确定性与概率性的典型行为。

高能散射实验

另一类量子现象是高能散射行为。无论在北京正负电子对撞机上, 还是在欧洲核子中心 (CERN) 的大型强子对撞机 (LHC) 上, 都在进行大量高能散射实验。在实验中, 极端高速的粒子迎头对撞, 而每秒都发生很多次对撞。每一次相同⑤初始粒子的对撞, 其产物几乎都不相同, 而且就算产物相同, 产物在空间的分布一般也不相同。大量实验结果证明, 每一次散射过程都满足能量、动量守恒定律。初看起来, 每次散射过程的产物都是杂乱无章、不可预测的。但把大量散射产物的测量结果放在一起, 高能理论物理学家就能发现背后存在确定的规律: 它被总结为粒子物理的标准模型。拿黑格斯粒子产生为例, 人们可以根据标准模型预言, 经过多少次质子 – 质子散射产生多少黑格斯粒子, 但哪一次散射能够产生黑格斯粒子则无法预言。这又是物理系统同时具备确定性与概率性的典型行为。

不完备的单次测量

如何理解包括上述两类例子在内的量子行为? 与系综所表现出来的性质类似, 上述两类例子表明, 虽然单次测量能给我们确切的物理信息, 如散射末态的产物以及对应的能量和动量, 但单次测量对于揭示背后的规律是不足、不完备的。需要指出的是, 现在的实验测量在时间和空间上都是局部的。立足于现在的实验测量, 我们可以马上得出: 单次测量是不可预测、不可重复的。只有对相同系统的多个样本做同样的测量, 并综合多次测量的结果, 才能够揭示背后的规律。这种对于实验测量的理解与过

⑤至少在目前的理解下是相同的。

去的理解不完全相同。

塌缩问题

如何描述上述现象呢? 在量子力学中, 这是量子力学的测量问题, 即如何把理论与实验测量联系起来。传统的诠释是, 实验测量被归结为量子态的塌缩。物理状态在实验测量时由于某种原因发生了变化, 即量子态塌缩了⑥。

量子力学被证明可以精确解释和预言实验, 这说明它一定是大体上做对了, 但如何理解塌缩问题? 怎么理解塌缩的机制?

环境导致塌缩?

关于量子的诠释有很多, 其中接受度较高的是退相干诠释。在量子力学框架内, 引入环境这个物理因素, 环境与物理系统的相互作用在合适的情况下引起退相干效应, 被环境影响过的物理系统被实验测量。这个物理过程被用来理解塌缩问题。但这种环境引起的退相干本质上是承认量子力学, 所有物理过程都是用量子力学描述, 而测量问题只是在特殊环境下表现出的后果而已。

环境中如果存在其他物理因素, 则会带来物理效应, 原则上是可以被观测到和控制的。人们总可以通过实验条件的精确控制, 去除⑦环境因素的影响。引入退相干机制的前提是承认量子力学, 从这个角度看, 它是量子的自洽性检验, 并非实质上理解了量子本质。

平行宇宙?

在无塌缩的诠释里, 平行宇宙是一个流行的看法。平行宇宙这个观点本质上是假设物理系统存在多个可能状态 (多个平行宇宙), 而观察者只能身处在其中一个宇宙, 其他平行宇宙对观测者所在的宇宙一般没有什么影响。

---

⑥术语是非幺正演化。

⑦如果是引力导致了塌缩, 人们就很难去除这个环境因素了。

平行宇宙最大的问题是它是建立在几乎不可检验的假设之上, 毕竟观测者只能身处一个宇宙之中, 其他宇宙一般不会对它产生观测效应。但平行宇宙的优点是可以比较自然地理解概率和量子系统确定性演化之间的关系。

上帝掷骰子吗?

量子现象的主要特征之一是它表现出的概率特征。自从量子力学诞生之日起, 爱因斯坦就对量子力学充满困惑: 从"上帝掷骰子吗"到纠缠态"鬼魅般的超距作用"(spooky action at a distance)。这本是爱因斯坦试图证明量子力学是错误的例子。但越来越多的实验, 比如贝尔不等式的实验检验证明, 爱因斯坦不太接受的量子图像竟然不断被证实。作为一个历史上非常独特的理论物理学家, 爱因斯坦除了要求理论与实验相符之外, 更看重是否能理解背后的物理图像, 以及该图像是否与他的世界图像一致。对于爱因斯坦来讲, 相对性原理一直是他理解世界的出发点, 这是他发现狭义相对论和广义相对论的最主要的驱动力之一。量子图像显然与他理解的相对性原理相悖: 对于相同的物理系统, 相同的时空观察者, 在相同条件下, 竟然可以看到不同的结果! 换句话说, 虽然为了描述实验现象, 概率是量子力学描述必须接受的, 但是如何理解概率的起源?

不说只算

纳撒尼尔 · 大卫 · 默明⑧曾经说过"不说只算"(shut up and calculate) 的话⑨。有些人认为这句话是为了摆脱对于量子图像理解的纠结, 采用搁置的观点。当然这句话显然是建立在量子力学被实验大量证明的基础之上, 否则计算也没有必要。从认识的角度看, 这是采用了主观主义的观点, 即放弃了对于物理本身的

⑧纳撒尼尔 · 大卫 · 默明 (Nathaniel David Mermin, 1935—), 理论物理学家。

⑨有些文章误以为这句话来自费曼。

理解。这句话从一个侧面反映出，在理解量子论上，我们确实需要突破传统的认知。

实际上，默明的本意是对这种搁置观点不满意，试图寻找对量子测量的解释。2022 年他在《今日物理》上的文章[10]指出，其实不存在量子测量问题。他得到这个结论的主要出发点也是要从集体的 (collective) 观点出发理解量子力学。

从第二种类型共识出发理解测量问题

下面我们从共识理论的角度来看量子力学的诠释问题。其核心就是首先要承认单次测量是不完备的！也就是说，对于 (目前我们认为是) 相同的物理系统做 (目前我们认为是) 一样的测量也可能有不同的结果。只有把多个相同样本的测量结果结合起来才能发现系统的规律。就像在高能散射实验中表现出的那样，每次具体测量值不同且无法预测，但测量值出现的概率是确定的。

其实上述看法只是尼尔斯 · 玻尔[11]的互补原理的一个推广。玻尔认为量子力学的核心就是互补原理。所谓互补原理，一般指的是物理系统不能同时分析相对立的性质，比如位置和动量。当然互补原理的另一个含义是物理系统的波粒二象性，在具体的观测中物理系统只能表现出粒子性或者波动性。从描述的角度看，无论薛定谔的波动力学、海森堡的矩阵力学、费曼路径积分，以及量子场论都实现了互补原理。

这个关于测量不完备的图像与系综是类似的，那么接下来的问题是量子系统描述的微观粒子是一个多自由度的物理系统吗？这些自由度是什么？

在标准模型里，这个确定的概率其实被规范相互作用决定。实际上，20 世纪一个伟大的成就就是发现了相互作用的形式被

[10] Mermin N D. There Is No Quantum Measurement Problem. Physics Today, 2022, 75(6): 62.

[11] 尼尔斯 · 玻尔 (Niels Bohr, 1885—1962)，丹麦物理学家，为理解原子结构和量子论做出了基础性贡献，于 1922 年获得诺贝尔物理学奖。

规范对称性所决定。这样看来, 规范对称性似乎与量子的起源紧密相关。我们将指出, 多自由度起源于额外的 6 维内部空间。

规范相对性原理与量子的起源

狭义相对性原理阐述的实际是 4 维时空和时空对称性。对于不同的时空观测者, 也即在 4 维时空的转动下, 物理系统的观测值可以不同 (但不同的观测值之间满足确定的变化关系, 它由对称性描述), 但此物理系统表现出的物理规律相同 (即不同物理量之间的关系不变, 体现为运动方程不变)。

如果存在规范相对性原理, 对于不同规范观测者, 也即在内部空间的 "转动" 下, 物理系统的观测值可以不同, 但此物理系统表现出的物理规律相同。对于不同的规范观测者, 虽然观测值不同, 但不同观测值之间满足确定的变化关系, 它由规范对称性描述。所谓物理规律相同, 表现为运动方程形式不变, 也体现在相互作用形式是确定的[12]。

标准模型所代表的规范结构对应着严格的规范对称性, 表明自然界存在额外 6 维相位空间, 它构成的系综是量子行为出现的根源。在规范相对性原理的要求下, 规范相互作用就是自然的、被规范对称性所决定的。

对比相对性原理和光速不变导致 4 维闵氏空间的引入, 量子行为本质上预示着额外内部空间的存在。如果从人的感知角度来看, 时空观测者对应着对时间和空间的直接经验, 而规范观测者不对应直接经验, 而是对应着对概率 (不确定性) 的经验。后者显然是一种抽象的感知。

无论对于时空还是内部空间, 相对性原理都是成立的。从这个意义上讲, 相对性原理与量子论是相容的, 存在额外内部空间解释了量子的起源 (见图 12.2)。

[12] 如果用拉格朗日量描述相互作用, 那么对称性会确定所有可能的相互作用形式。

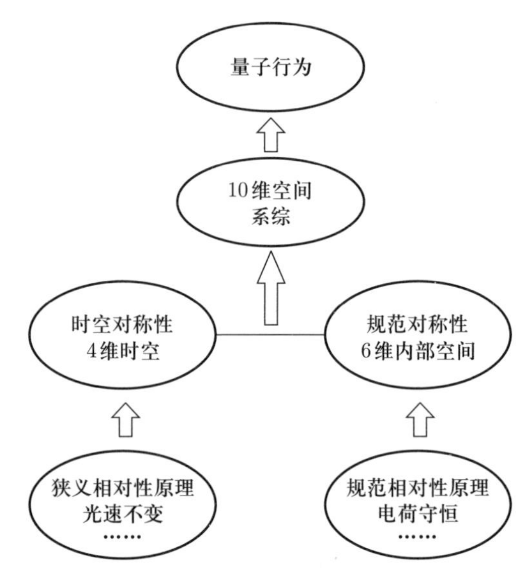

图 12.2 量子行为本质上预示着额外内部空间的存在

无穷大、重整化与规范对称性

量子行为除了表现出单次测量的不确定性之外, 还在微扰论的计算中出现无穷大。为了使得计算有意义, 并恢复理论的预言性, 人们发明了重整化[13]过程。重整化的思路其实很容易理解。虽然每个物理观测量在物理计算中往往都会出现无穷大, 但物理的不同观测量之间的关系不应该依赖这种无穷大。当计算这些观测量之间的关系时, 无穷大应该会被消除。后来的一系列研究表明, 无穷大能够消掉的前提是规范对称性的存在。这是因为, 规范对称性的存在使得无穷大的类型是有限的。量子规范场论可以说是人类到目前为止发现的, 唯一把相对论与量子论融合的自洽理论。如果把量子行为的起源归于规范对称性, 这个成

[13]1965 年, 朝永振一郎 (Shinichiro Tomonaga, 1906—1979)、朱利安 · 施温格 (Julian Schwinger, 1918—1994) 和费曼因在量子电动力学重整化方面的成就, 共同获得诺贝尔物理学奖。

功就是自然而不可避免的[14]。

应该指出, 对于无穷大的处理, 其实还有别的途径。就像在前面章节中讨论过的, 一个物理理论出现无穷大可能意味着理论超出了它的适用范围。弦理论从某种意义上就是引入新的物理对象, 即有大小的一维弦, 使得目前理论到弦尺度后就不再适用。弦理论的优点之一就是理论不再出现此类无穷大。然而, 弦的存在只是一种理论猜想, 而且自洽弦理论需要高的时空维度和假设的超对称[15]。然而它不能直接与低能标下的 4 维现象联系, 而需要把维度降低的机制。因为对这个机制一无所知, 弦理论基本失去了对于现实的预言能力。按照目前的理解, 人类在有限的资源下其实不太可能直接检验弦的存在与否。

规范观测者是现实存在的吗?

让我们简单梳理一下规范这个概念的历史。早在 1864—1865 年, 麦克斯韦的电磁场理论就带有规范对称性, 这里准确的含义是电磁场与电磁势并不一一对应。电磁场被认为是物理的, 它们决定了身在其中的电荷和电流的受力。电磁势只是引入的辅助量, 有了它可以唯一地确定电磁场, 反之不然。电磁势存在冗余自由度, 对应相同电磁场的不同电磁势满足特定的变换, 现在被称为规范对称性。在当时, 规范对称性的重要性没有引起人们的重视。如果从把电磁势看作物理量的角度上来看, 这种冗余自由度更像是缺点。后来, 希尔伯特[16]利用广义坐标变换下作用量的不变性推导爱因斯坦引力方程时, 这种任意的广义坐标变换 (也算是广义的规范变换) 的重要性依然没有受到重视。随后的 1918 年, 外尔利用定域标度 (scale) 变换 (他称之为“规范”

[14] 描述物质基本组成和基本相互作用的标准模型的可重整性其实是很精巧的, 比如所谓的量子三角反常会破坏可重整性, 但实际上反常最终相互抵消了。相互抵消的条件中, 标准模型的规范结构, 即 6 维空间的存在, 是必须的。

[15] 目前实验并不支持超对称存在。

[16] 戴维 · 希尔伯特 (David Hilbert, 1862—1943), 德国数学家。

变换）下方程的不变性试图统一引力和电磁理论，但并未成功。量子力学发展以后，外尔于 1928—1929 年把标度换成复数，把规范变换改成相位变换。在此基础之上，他从保持规范对称性的角度诠释了带电粒子的电磁相互作用。今天看来，这是人们第一次把确定的相互作用形式[17]归于规范对称性。规范观念变得广为人知也要归功于泡利对于它的评价。到了 1954 年，杨振宁和米尔斯把规范理论从外尔研究的电磁相互作用的 U(1) 拓展到 SU(2) 的情形。后面的发展就是人们发现了标准模型的规范群结构 $SU(3) \times SU(2) \times U(1)$。

本书把量子行为的根源归结为这种规范对称性，引入了规范观测者。从对严格对称性的理解来看，规范观测者是现实存在的，虽然我们目前并不知道如何确定特定规范观测者在内部空间的“状态”。正是这种不确定性决定了今天量子现象的概率特征。从上面的论述，我们看到规范如何从冗余自由度的辅助概念一步步走向核心概念，甚至决定了现实中存在的内部空间的维度。

量子引力？

在相对性原理下，把量子起源归于存在额外的内部空间并没有改变对于当下实验的预测和解释。每次实验测量依然是不能够预测，即概率性的，改变的其实只是对于解释物理现象的量子论的理解。人们不仅要问，这种新的看法能否对于发现新的理论提供线索？

作为一个引力理论，广义相对论的发现的一个主要驱动力来自爱因斯坦对广义相对性原理的追求。当年爱因斯坦面对的是 4 维时空的性质，当我们重新解释了量子的本质后，今天我们面对的空间至少是 10 维。这种改变将如何影响我们继续在相对性原理指导下的引力理论构建？

---

[17] 在此之前，作用形式往往是任意的、猜测的，常见的选择是最小耦合形式。

展望

从共识理论出发, 我们把量子的起源归结为存在内部空间和规范观测者。在引入规范相对性原理, 即内部空间上的规范对称性之后, 基本相互作用的形式就是确定的。这是概率性与确定性的完美结合。

从共识理论出发, 我们会重新评估基础物理研究中的核心问题。比如, 黑格斯机制和夸克禁闭是自然的、必需的, 因为它们只是严格规范对称性自发破缺的必要机制。黑格斯粒子的存在也就是自然的。所谓量子引力是另一个核心问题, 它就是研究时空和内部空间同时存在时, 其性质是什么。需要强调的是, 粒子物理的标准模型和广义相对论无疑是非常成功的理论, 它们可以非常精准地描述现存的几乎所有的实验。虽然本书的目的是试图理解整个物理的基础, 但从共识理论角度出发的新理解目前完全不改变当前成功理论的预言, 除非将来发现新的理论。

在结束本章之前, 人们可能会思考一个有哲学意味的问题: 为什么在现实中会存在规范观测者? 从人类认识发展的角度, 似乎也不奇怪。正如英国诗人威廉 · 布莱克[18]所言, “一沙一世界”[19]。从还原论角度, 物质基本组成单元的性质存在我们目前尚不了解的内容。但具体还具备什么性质尚需进一步的深入研究, 借用屈原[20]所言, “路漫漫其修远兮”。当我们认识到存在内部空间以及其导致了量子行为后, 进一步的工作就是去认识它的其他性质。这可以对比人类对时空认识的历史: 从牛顿力学定律所展现的绝对时空, 到兼容电磁理论的闵氏时空, 再到包含引力的弯曲时空。

就像历史所表明的, 物理学的发展建立在新实验现象和新

[18]威廉 · 布莱克 (William Blake, 1757—1827), 英国浪漫主义诗人。

[19]《一粒沙》: “在一粒沙中见世界, 一朵野花中见天国, 以只手掌握无限, 凭一刻感知永恒。” (To see a world in a grain of sand, and a heaven in a wild flower, hold infinity in the palm of your hand, and eternity in an hour)

[20]屈原 (约前 340—前 278), 战国时期楚国诗人、政治家。

视角之上。以此类推, 新的共识视角也可能促进物理学的发展。对于物理基础研究, 如果说 20 世纪是相对论和量子论的时代, 谁又能断言 21 世纪不是共识理论的时代呢?

第十三章 结语

关于共识概念重要性的认识历经曲折, 它来自多方面的启示。借用王阳明[①]评价其致良知学说的言语, “从百死千难中得来”。就像序言所言, 首先是我对学术研究领域 (高能物理) 的多年反思, 其次是讲授 “电动力学” 时对规范对称性和狭义相对论中相对性原理的反思, 在 “量子力学讨论班” 课程中对于量子基础的反思, 当然还有对众多其他现象的思考等等。在研究和教学实践过程中, 学生的提问与同行的见解 (还有文献资料等) 都给予了我多方面启发, 在此一并感谢。特别感谢我供职的北京大学[②]、自然科学基金委员会[③], 以及家人的支持。

按照我的见解, 每个具体人 (每次观测) 都可能是不完整的, 只有多人 (多次观测) 所能达成的共识, 才代表更完整的规律。共识是获得可靠知识的途径, 科学只是其体现之一。本书论述了此观点, 特别是在物理学上的具体体现。本书不仅会存在笔误, 理解的错误可能也是不可避免的。令人欣慰的是, 本书应该是达成共识学说的必要步骤之一, 这是我花费大量时间和精力写这本书的主要目的之一。

物理学的进一步发展除了要结合新的观测和实验, 往往还会受益于不同的认识角度, 在历史上爱因斯坦几乎独力发现广义相对论就是一个例子。本书从共识这个角度重新理解物理学,

---

① 王守仁 (1472—1529), 本名王云, 字伯安, 号阳明, 浙江余姚人, 明朝思想家、文学家、军事家、教育家。

② 特别是北京大学教材研究与建设基地的支持。

③ 最近 10 年来自然科学基金委员会支持的项目如下: “Higgs 与超出标准模型新物理的研究” (编号 11375014); “大型强子对撞机上新物理的研究” (编号 11635001); “结合引力波观测和粒子物理实验关于基本相互作用的研究” (编号 11875072)。

特别是量子起源于规范对称性对应的内部空间的理解，希望对于其未来发展有一定的启示。

就像本书第一部分雨伞理论所想表达的，共识是理解社会和自然现象的一把钥匙。从共识理论的角度看，在人类漫长历史上留下的共识都可以带来积极的力量，而科学是这种积极力量的最典型代表之一。从多角度理解这一现象将会是一项有趣的探索。

共良识，迎未来!

附录一　共识理论先驱

在科学长期的发展过程中, 许多科学家贡献了对于共识的关键认识。从历代科学家贡献来看共识理论也是一个不错的角度。下面, 我们选取 12 名先驱, 并简单地介绍他们的贡献。需要说明的是, 这种选取有一定的任意性, 既没有覆盖共识发展的所有方面, 当然也没有覆盖科学家的所有重要贡献。

(1) 伽利略 (见图 1)。他发现了伽利略相对性原理。参见本书 “观测与实验” 和 “相对性原理” 两章。

图 1　伽利略

(2) 牛顿 (见图 2)。他发现了天地物体满足相同的力学规律。参见本书 “观测与实验” 和 “相对性原理” 两章。

(3) 麦克斯韦 (见图 3)。他发现了完整的电磁理论, 以及电磁波的速度为光速。电磁理论是人类历史上第一个规范理论。参

图 2　牛顿

见本书“理论化”和“量子论与规范相对性原理”两章。

图 3　麦克斯韦

(4) 玻尔兹曼 (见图 4)。他创建了统计力学。参见本书“还原论”和“系综”两章。

(5) 爱因斯坦 (见图 5)。他发现了狭义和广义相对论。参见本书“理论化”“数学化”与“相对性原理”三章。

图 4　玻尔兹曼

图 5　爱因斯坦

(6) 玻尔 (见图 6)。他提出了互补原理 (图 7 是玻尔带有对互补原理描述的徽章)。参见本书 “量子论与规范相对性原理” 一章。

图 6　玻尔

图 7　玻尔徽章上面的文字是“对立即互补”

(7) 诺特 (见图 8)。她证明了守恒定律与对称性的关系。参见本书 “对称性” 一章。

图 8　诺特

(8) 外尔 (见图 9)。他定义了 (相位的) 规范变换并发现了

图 9　外尔

相位 U(1) 对称性与电磁相互作用的关系。参见本书 “对称性” 和 “量子论与规范相对性原理” 两章。

(9) 费曼 (见图 10)。他发现了量子电动力学的重整化和路径积分量子化。参见本书 “系综” 和 “量子论与规范相对性原理” 两章。

图 10 费曼

(10) 杨振宁 (见图 11)。他提出了非阿贝尔规范场。参见本书 “对称性” 和 “量子论与规范相对性原理” 两章。

(11) 格拉肖 (见图 12)。他提出了用 SU(2) × U(1) 规范对称性描述弱电相互作用。参见本书 “还原论” “对称性” 和 “量子论与规范相对性原理” 三章。

(12) 盖尔曼 (见图 13)。他提出了夸克模型, 并建议用 SU(3) 规范对称性描述强相互作用。参见本书 “还原论” “对称性” 和 “量子论与规范相对性原理” 三章。

图 11　杨振宁

图 12　格拉肖

图 13　盖尔曼

附录二　指数律的数学描述

指数律其实广泛存在于自然和社会现象中, 它可以解释众多剧烈变化, 至少是短时期的剧烈变化。同时它也可以描述现象的丰富多变。在本附录里, 我们对指数律做一点数学描述。

第一种类型共识

以财富的积累为例。财富 (M) 的增量用 ΔM 表示, 即在某个时间间隔 Δt 期间的财富变化量。一般来讲, 在短时期内财富积累正比于 Δt, 这其实不难理解。对于指数律, 增量 ΔM 表示为

$$\Delta M = \alpha M \Delta t。$$

这个式子里面指数律隐含在正比于当时的财富 M 中。在银行复利的例子中, 体现在本金加上已有的利息变成了以后的本金。这个特征决定了在长时期上财富的暴涨。α 取决于描述对象的性质, 在短时间内一般可以取成一个固定的常数。作为对比, 财富的线性增长表示为

$$\Delta M = \alpha \Delta t。$$

在经过时间 t 后, 财富从最初的 M_0 变成 M。对于指数律模型:

$$M(t) = M_0 \mathrm{e}^{\alpha t}。$$

在这个指数表达式中, e 是一个自然常数, 约等于 2.718, 它的出现就是指数律的体现。上述银行复利的例子可以表示为 $M = 1.05^t = \mathrm{e}^{\alpha t}$, 其中 t 以年为单位, $\alpha \approx 0.0488$。

对于线性模型:

$$M(t) = M_0 + \alpha t。$$

值得指出的是, α 的值可以是正的, 也可以是负的。对于指数律, 负值一般意味着财富快速地消耗殆尽。

第二种类型共识

上面关于指数律模型的数学描述主要是针对第一种类型共识。对于第二种类型共识, 因为至少存在两个不同的方面, 但构成一个整体, 可以用复数表示:

$$M = X + \mathrm{i}Y。$$

为了凸显复数的特征, 我们写出一个简单的模型

$$\Delta M = \mathrm{i}\alpha M \Delta t,$$

其中 α 是一个实数。

这个简单模型的解为

$$M(t) = M_0 \mathrm{e}^{\mathrm{i}\alpha t}。$$

组成 M 的两个部分 X 和 Y 随时间是振荡循环的:

$$X(t) = X_0 \cos\alpha t - Y_0 \sin\alpha t,$$
$$Y(t) = X_0 \sin\alpha t + Y_0 \cos\alpha t。$$

据此, 我们可以用指数律来理解被誉为最漂亮公式的欧拉[①]公式: $\mathrm{e}^{\mathrm{i}\pi} + 1 = 0$, 它把 0, 1, i, π 和 e 神奇地结合在一起。此公式可以理解为长度为 1 的线段, 转动 π 弧度 (即 180 度), 变为朝向相反的线段 (见图 1)。转动可以理解为从初始位置开始经过若干次持续的小角度转动, 直到转动的角度为 π。每次转动操作都是在上一次基础之上进行, 这是指数律的特征。欧拉公式因为涉及两个自由度, 数学上通过引入虚数来表示。而指数律表现是转动, 每个自由度大小进行振荡, 而非数量上的爆炸式增长。

[①]莱昂哈德 · 欧拉 (Leonhard Euler, 1707—1783), 瑞士数学家。

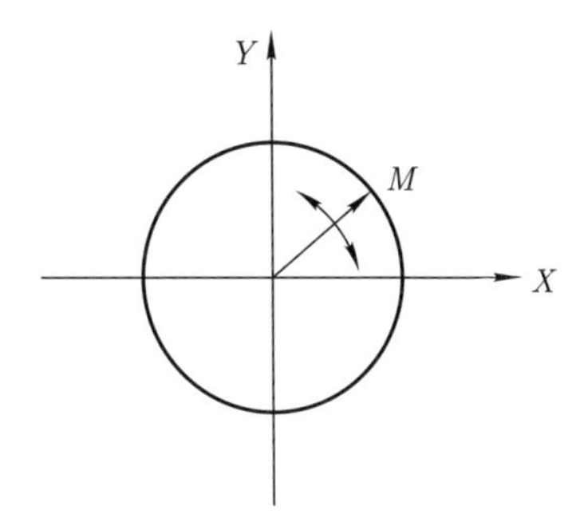

图 1　箭头在平面的转动可以形象地描述第二种类型共识的振荡行为

一般情况

上面的公式中, α 一般是一个复数, 这就需要两个参数来描述:

$$\Delta M = \mathrm{i}(\alpha - \mathrm{i}\beta) M \Delta t,$$

其复数部分 β 代表着增长或者衰减, 就像第一种类型共识的行为, 而实数部分 α 代表着振荡循环, 表征了第二种类型共识的典型行为。随时间变化的行为可以写作

$$X(t) = \mathrm{e}^{\beta t}(X_0 \cos \alpha t - Y_0 \sin \alpha t),$$
$$Y(t) = \mathrm{e}^{\beta t}(X_0 \sin \alpha t + Y_0 \cos \alpha t)。$$

附录三　给教师的话

本书成书的目的之一是将它用作本科生和研究生的教材。

本书特点

(1) 如果把物理学的诞生归于哲学家与工匠的有机结合, 那么本书偏重于对前者思考的训练。虽然叙述过程中不可避免地会涉及具体技术, 但我尽量不纠缠在技术的细节。教师在涉及技术时, 可以选择与学生认知相符的方式来讲解它。

(2) 如果把物理学家比喻为飞鸟与青蛙①, 那么本书更多是从飞鸟的视角, 即宏观的角度来看待物理学, 而没有深入到很多物理的具体内容。

(3) 在已有训练思维的教材里, 有的比较浅显, 有的比较抽象。本书尽量把物理问题与深度思考结合在一起。

(4) 本书涉及的话题很多都是基础前沿研究正在思考的问题。好处是它更容易激发同学们的兴趣, 但坏处是有些问题尚没有定论。这就要求教师在讨论这些物理问题时要把握尺度, 即告诉学生什么是比较确定的, 什么是尚在探索中的。这也符合科学主要精神之一, 即对结论要有适度的怀疑。

讨论题目

围绕本书内容, 并适当增加一些与学生知识水平相当的具体物理内容, 就可以安排一些讨论课。讨论题目大体可以分成下面的四类。

(1) 共识的重要性。

① 科学与技术, 工业革命的科学基础;

---

①此比喻来自理论物理学家戴维 · 玻姆 (David Bohm, 1917—1992)。

② 科学时代;

③ 科学与宗教。

(2) 物理学发展 (史)。

① 物理学史;

② 科学革命;

③ 西方科学的东方来源。

(3) 物理学特征。

① 观测与实验;

② 理论化;

③ 数学化;

④ 还原论。

(4) 物理学基本原理。

① 相对性原理;

② 对称与不对称;

③ 热力学与系综;

④ 量子力学和测量问题;

⑤ 未来物理学与共识理论。

参 考 文 献

本书受到大量文献的启发, 部分文献在正文的脚注中给出。罗列所有的文献几乎不可能, 也要花费更多的精力。这里只列出几本流行的书籍, 供读者参考。

[1] 爱因斯坦, 英费尔德. 物理学的进化. 张卜天, 译. 北京: 商务印书馆, 2019.

[2] 库恩. 科学革命的结构: 第四版. 2 版. 金吾伦, 胡新和, 译. 北京: 北京大学出版社, 2012.

[3] 赫拉利. 人类简史: 从动物到上帝. 林俊宏, 译. 北京: 中信出版社, 2021.

[4] 爱因斯坦. 狭义与广义相对论浅说. 杨润殷, 译. 北京: 北京大学出版社, 2006.

[5] 李政道. 对称与不对称. 朱允伦, 柳怀祖, 编. 北京: 清华大学出版社; 广州: 暨南大学出版社, 2000.

[6] Popper K R. Quantum Theory and the Schism in Physics. Unwin Hyman, 1982.

科学与共识

作者简介

朱守华　北京大学物理学院教授。1988—1998年在北京大学物理系学习，并获得理论物理学博士学位。其后在中国科学院理论物理研究所、德国卡尔斯鲁厄大学（洪堡学者）和加拿大渥太华卡尔顿大学从事理论物理研究。因为在顶夸克与带电规范玻色子联合产生等方面的工作，于 2004 年被聘为北京大学物理学院教授。主要研究领域为理论物理学、高等教育等。近二十年在超出标准模型新物理的各个领域进行了深入研究。总结并提出了包括灵活课程、科研训练与实践，以及全球课堂的“三位一体” 的物理学广义课程体系，于 2018 年获得国家级教学成果奖。2022 年创立了共识理论，倡导以共识作为理解和构建物理学理论的新基础。

“北京大学出版社”
微信公众号

ISBN 978-7-301-34852-9

定价：29.00元

科学与共识

朱守华 ◎著

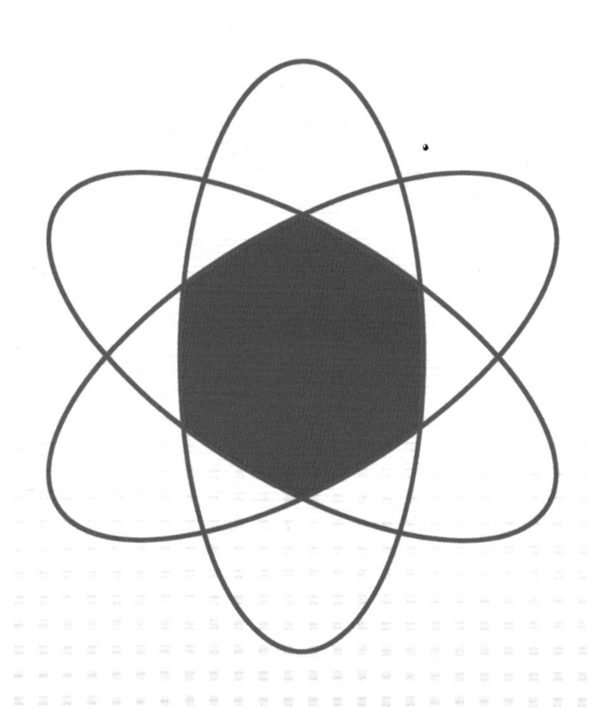